高等职业教育土木建筑类专业新形态教材

U0267905

城市地下管线探测技术

主　编　朱艳峰　　曾令权

副主编　王　强　　田学军

参　编　陈蔚珊　　卢士华　　王大成

　　　　许　晋　　朱　恒　　李凤之

主　审　李照永　　李学军

北京理工大学出版社
BEIJING INSTITUTE OF TECHNOLOGY PRESS

内 容 提 要

本书按照教育部教材建设的总体要求及行业技术规程，为适应国家《关于加强城市地下市政基础设施建设的指导意见》（2022）的政策和要求，满足技术技能人才培养的需要而编写。本书共分为六个项目，主要包括地下管线探测认知、地下管线探测方法、地下管线测量、地下管线数据处理与成果编制、地下管线探测成果质量检验及地下管线探测成果资料整理。

本书结构合理、知识全面，可作为高等院校市政管网智能检测与维护、市政工程技术、给排水工程技术、工程测量技术等专业的教材，也可作为应用型本科、中等职业院校相关专业师生及地下管线行业从业人员的培训用书。

图书在版编目（CIP）数据

城市地下管线探测技术 / 朱艳峰，曾令权主编 . --
北京：北京理工大学出版社，2023.8
ISBN 978-7-5763-2840-0

Ⅰ.①城…　Ⅱ.①朱…②曾…　Ⅲ.①市政工程—地下管道—探测技术—高等学校—教材　Ⅳ.① TU990.3

中国国家版本馆 CIP 数据核字（2023）第 167552 号

责任编辑：钟　博	文案编辑：钟　博	
责任校对：周瑞红	责任印制：王美丽	

出版发行 /	北京理工大学出版社有限责任公司
社　　址 /	北京市丰台区四合庄路 6 号
邮　　编 /	100070
电　　话 /	（010）68914026（教材售后服务热线）
	（010）68944437（课件资源服务热线）
网　　址 /	http：//www.bitpress.com.cn
版 印 次 /	2023 年 8 月第 1 版第 1 次印刷
印　　刷 /	河北鑫彩博图印刷有限公司
开　　本 /	787mm×1092mm　1/16
印　　张 /	12
字　　数 /	290 千字
定　　价 /	75.00 元

前　言

党的二十大报告指出："建设现代化产业体系"，"优化基础设施布局、结构、功能和系统集成，构建现代化基础设施体系"。同时指出，"坚持人民城市人民建、人民城市为人民，提高城市规划、建设、治理水平，加快转变超大特大城市发展方式，实施城市更新行动，加强城市基础设施建设，打造宜居、韧性、智慧城市"。

城市地下管线是维护城市正常运行运转的生命线系统，是城市基础设施的重要组成部分。完整、真实和准确的地下管线信息是城市地下市政基础设施数字化、智能化建设的基础。地下管线探测作为地下管线普查的主要手段，可提供城市地下管线精确、可靠、完整且现势性强的几何及属性数据。本书编者在党的二十大政策方针指导下，充分考虑了城市地下管线更新改造与信息化建设对地下管线探测技术技能人才应具备的相关专业知识、基本技能要求及实际工作需要，紧密结合职业院校学生学习特点，以职业能力培养为目标，引入了地下管线探测新标准、新技术、新方法，突出学习成果导向，组织本书编写。

本书由广州番禺职业技术学院朱艳峰、曾令权担任主编；北京劳动保障职业学院王强、中国冶金地质勘查工程总局地球物理勘查院田学军担任副主编；广州番禺职业技术学院陈蔚珊、卢士华，广东绘宇智能勘测科技有限公司王大成，中国测绘学会地下管线专业委员会许晋，南京捷鹰数码测绘有限公司朱恒，沈阳地球物理勘察有限公司李凤之参与编写。全书由昆明市测绘研究院李照永、正元地球物理信息技术有限公司李学军主审。

本书配套开发了教学课件、仪器操作视频、课后习题参考答案、延伸阅读资料等相关教学资源，并通过扫描二维码进行知识拓展，从而满足技术技能人才培养要求。

本书在编写过程中，引用了相关的技术规程和规范、操作规程及标准、相关探测仪器使用手册和说明书的部分内容及文献，在此谨向有关作者和单位表示衷心的感谢！

由于编者水平有限，书中难免存在疏漏之处，敬请广大读者批评指正，以便不断修订完善。

编　者

目　录

项目 1

地下管线探测认知

教学要求

知识要点	能力要求	权重
地下管线探测的目的和意义	了解地下管线现状及存在的问题；了解地下管线探测的目的及意义	15%
地下管线探测技术发展历程	了解管线探测技术发展历程；了解管线探测仪的发展	15%
地下管线的分类	掌握地下管线的种类；熟悉地下管线的结构	30%
地下管线探测的基本要求	掌握地下管线探测的一般规定；能够进行坐标系统的选择、地下管线图比例尺的选择及探测精度确定；能够熟练应用地下管线代码与符号	40%

任务描述

在实施地下管线探测之后，需要完成地下管线探测的一系列准备工作。探测人员需要了解和掌握地下管线的种类及结构、地下管线探测的基本规定，才能采用相应的地下管线探测方法，保证地下管线探测工作的顺利开展。

地下管线探测是查明地下管线的平面位置、高程、埋深、走向、性质、规格、材质、建设时间和权属单位等，编制数据成果文件和编绘地下管线图（综合管线图、专业管线图）。管线探测人员还需要熟练掌握地下管线代码与符号的含义。

职业能力目标

在进行地下管线探测相关工作时，需要了解地下管线的敷设现状和基本规律，能够开展地下管线相关普查工作，确定地下管线的种类；掌握地下管线探测的一般规定。学习完本项目内容后，应该完成以下目标：

(1)了解地下管线探测的目的和意义；

(2)了解地下管线探测技术的发展与应用；

(3)掌握地下管线的种类；

(4)熟悉地下管线的结构；

(5)掌握地下管线探测的基本要求；

(6)能够进行坐标系统的选择、地下管线图比例尺的选择及探测精度的确定，能够熟练应用《地下管线数据获取规程》(GB/T 35644—2017)和《城市地下管线探测技术规程》(CJJ 61—2017)中的地下管线代码和管线符号。

典型工作任务

在实施地下管线探测前，完成地下管线调查的一系列准备工作，将管线位置、连接关系、附属物等转绘到相应比例尺地形图上。编制地下管线现况调绘图，在地下管线现况调绘图上应注明管线权属单位、管线类别、规格、材质、传输介质特征、建设年代等属性，并注明管线资料来源等。

情境引例

地下管线属于公用基础设施，地下管线的建设滞后于城市的快速发展，且缺乏统一管理，特别是老城区和城市郊区，如电力线、通信线等管线较多地无序布设于地上，严重影响了人民群众生命财产安全和城市运行秩序。

针对上述问题，国家给予高度重视，城市地下管线普查工作已在大城市全面开展，住房和城乡建设部于 2017 年重新修订并发布《城市地下管线探测技术规程》，于 2020 年印发《关于加强城市地下市政基础设施建设的指导意见》(建城〔2020〕111 号)，2021 年广东省住房和城乡建设厅印发《广东省加强城市地下市政基础设施建设工作方案》(粤建城〔2021〕71 号)。目前，全国各城市正稳步开展地下管线普查工作，由于地区差异，城市经济实力不同，管理水平参差不齐，各城市地下管线的做法存在较大差异，地下管线普查中存在不少问题。例如，在地下管线普查前，现况调绘资料不落实，影响普查工作的开展；地下管线普查监理不规范；地下管线普查队伍不专业；有的城市未能建立动态监管机制，还需要重新普查等。地下管线探测作为地下管线普查的重要技术手段，对于摸清地下管线功能属性、位置关系、运行安全状况等信息发挥着极其重要的作用。

1.1　地下管线探测的目的和意义

地下管线是城市基础设施的重要组成部分，是城市规划建设管理的重要基础信息。城市地下管线包括给水、排水、燃气、电信、电力、热力、工业管道等。它像人体内的"神经"和"血管"，日夜担负着传送信息和输送能量的工作，是城市赖以生存和发展的基础，被称为城市的"生命线"。充分利用地下空间，掌握城市地下管线的现状，管理好地下管线的各种信息资料，是城市规划建设和可持续高质量发展的需要，是有效应对与地下管线有关的突发灾害的保障。

随着经济的迅猛发展，城市功能的重要性日益凸显。良好的基础设施和完善的城市功能所形成的良好投资环境，是加快经济发展、加速现代化进程的保障。城市发展越来越快，负担也越来越重，对地下管线的依赖性也越来越强。由于历史和现实的各种原因，我国城市地下管线管理滞后于城市的发展和国际同行业水平，其混乱无序的状况，已成为我国城市建设和国民经济发展的瓶颈。具体表现在以下几个方面。

(1)地下管线现状不详，绝大多数城市原有地下管线未进行普查或普查覆盖面不全、管线及附属设施的信息化管理程度不高，新增地下管线未及时归档建库（入库），与我国城市的深入发展要求形成强烈反差。

（2）在建设施工中经常发生管线被挖断、压埋或破坏所引起的停水、停气、停热、停电和通信中断等状况，甚至造成管线事故。据不完全统计，全国每年因施工引发的管线事故所造成的直接经济损失、间接经济损失数以亿元计。

（3）各类地下管线的资金来源、实施时间、实施主体的不同，造成地下管线位置、走向、标高等信息获取和管理较为混乱，给城市的发展埋下祸患。

我国城市地下管线管理混乱、落后的状况由来已久，且情况复杂，主要的原因有三个方面。

①缺少统一的领导和规划。在我国许多城市，尤其是中小城市，各管线单位从各自的利益出发，在管线的铺设过程中，经常出现城市道路重复开挖、重复施工的情况。另外，各专业单位各行其是，设计施工前缺乏充分的统一勘测和监管，在施工中出现损害地下管线情形。

②资料不全，管理不力。城市建设主管部门是地下管线的管理机构，但是由于历史和现实原因，未能真正履行管理职能。目前，主要道路干线资料归各专业管线单位存档。已有的地下管线信息数据不完全且流通不畅。

③城市建设发展快，基础设施滞后。地下管线属于公用设施，由于城市建设的发展速度较快，基础设施的建设往往跟不上，加上老城区改造的欠账过多，要从根本上很快解决地下管线的改造、建设和管理问题是很具有挑战性的。

地下管线的图纸、资料是城市建设和发展的基础信息，在进行城市规划设计、施工和管理的工作中，如果没有完整准确的地下管线信息，就会变成"瞎子"，到处碰壁、寸步难行。因此，地下管线探测是城市建设管理中一项重要的基础工作。

1.1.1　地下管线探测的目的

地下管线探测是指获取管线走向、空间位置、附属设施及其有关属性信息，编绘管线图、建立管线数据库和信息管理系统的过程，包括管线资料调绘、探查、测量、数据处理与管线图编绘、成果提交与归档、信息系统建立等，可概括为地下管线探查和地下管线测绘两个基本内容。地下管线探查是通过现场调查和运用各种探测手段查清地下管线的埋设位置、埋设深度和相关属性，并在地面上设立表述管线空间特征的管线点。地下管线测绘是对所布设管线点的平面位置和高程进行测量，并编绘地下管线图。因此，地下管线探测的目的是获取地下管线准确可靠、完整且现势性强的几何数据及属性信息，其数据和信息除用于生产地下管线图纸报表和其他城市用图等常规档案资料外，还为建立城市地下管网信息系统提供基础资料。城市管网信息系统可以提高规划、设计部门及各专业管线管理单位的工作效率，为城市的规划、设计、施工和管理服务，实现管理的科学化、自动化和规范化。

地下管线探测按探测任务可分为城市地下管线普查、厂区或住宅小区管线探测、施工场地管线探测和专用管线探测四类。

（1）城市地下管线普查的主要目的是为城市规划、设计、建设和管理提供可靠的基础信息。城市地下管线普查工作应根据城市规划管理部门或公用设施建设单位的要求，依据《城市地下管线探测技术规程》(CJJ 61—2017)进行，其探测范围应包括道路、广场等主干管线通过的区域。

（2）厂区或住宅小区管线探测是指在非市政公用区域内进行的相对独立综合管线系统（单一管线）探测。其目的是为工厂或住宅小区规划、改造和管理提供资料。此类探测应根据工厂或住宅小区管线设计、施工和管理部门的要求进行，其探测范围应大于厂区、住宅小区所辖区域或要求指定的其他区域，通常要求探测范围外扩 10～20 m，在探测过程中应注意区域内管线与干线及相邻区域管线的衔接。

（3）施工场地管线探测是指为保障专项工程的施工安全，防止施工造成地下管线破损而进行的探测。此类探测应在专项工程施工开始前，根据工程规划、设计、施工和管理部门的要求进行，其探测范围应包括因施工开挖所涉及的地下管线、涉及迁改或动土范围外扩 10～20 m。

（4）专用管线探测是指为某一专业管线的规划设计、施工和运营需要提供现势资料而进行的地下管线探测工作，应根据该项管线工程的规划、设计、施工和管理部门的要求进行。其探测范围应包括管线工程敷设的区域，以满足专用管线的规划、设计、施工和管理部门的要求为准。

目前，地下管线探测的行业标准主要有《城市地下管线探测技术规程》（CJJ 61—2017）、《管线测绘技术规程》（CH/6002—2015）。这些标准为城市规划、建设与管理中的地下管线探测，包括各种不同用途的金属、非金属管道（廊）及电缆等地下管线的探测，提供了重要技术依据。

地下管线探测的基本程序一般包括接受任务（委托）、收集资料、现场踏勘、仪器检验与方法实验、编写技术设计书、实地调查、仪器探查、控制测量、进行地下管线点测量与数据处理、编绘地下管线图、编制技术总结报告和验收成果。当探测任务较简单及工作量较小时，上述程序可依据工作要求会商委托方做适当简化。

1.1.2　地下管线探测的意义

随着社会经济发展和城镇化深入，城市灾害日益突出，尤其是快速发展的大城市和特大城市，自然灾害、环境灾害和人为灾害均时常发生。一个现代化城市的可持续高质量发展，必须具有安全保障，特别是面对突发事件和灾害，能够做出快速的正确决策和有效的救援响应。因此，需要从城市发展战略的高度来认识地下管线在城市规划建设和管理中的作用与地位。摸清和掌握城市地下管线的现状，是城市自身经济发展的需要，也是城市规划建设管理的需要，更是抗震防灾减灾和应对突发性重大事故的需要。而地下管线探测作为摸清和掌握城市地下管线现状的重要手段，随着城市的产生、发展而出现，是一项持久的工作。这关系到每个居民的切身利益，也关系到城市的可持续性高质量发展。因此，地下管线探测对城市规划、管理走向信息化和现代化有着非常重要的现实意义，对城市居民和城市可持续性高质量发展也具有极其重大的社会经济意义。

1.2　地下管线探测技术的发展与应用

地下管线探测技术是我国目前采集地下管线数据的主要手段，伴随中国城市地下管线探测技术的更加成熟和完善，该技术已经逐渐从传统开井调查技术发展为地下管线综合探测技术，并且获得了广泛的推广和使用，为城市地下管线的建设管理、运行维护提供了丰富的信息，取得了良好社会与经济效益。

1.2.1　传统开井调查技术在地下管线发展中的应用

在 20 世纪 90 年代之前，因为受发展水平、管理能力、专业团队数量等各种因素的影响，工程物探技术一直处在水平较低的发展阶段，为了获得城市地下管线信息数据，被迫采用已有的地下管线信息数据和地下管线开井调查技术。

1.2.2　城市地下管线空间开发中物探技术的应用

从 20 世纪 90 年代开始，我国对于城市地下管线的需求不断增加，并且工程物探技术也获得了长足的发展。在我国城市地下管线的实际工程中物探技术的应用越来越广泛，变成了城市地下管线数据收集的主要技术。在后续的城市地下管线信息探测中，地表地震法、高精度磁场法、地表温度测量法等技术同样获得了良好的成果。由于我国幅员辽阔，地质条件复杂，差异较大，所以城市地下管线铺设方式各不相同，铺设深度也不相同，管线材质也具有差异性。通过对这些案例开展各种论证和研究，人们提出了具有针对性的措施。随着探测仪器与技术的持续完善，电磁感应法已经成为城市地下管线信息数据探测中最为便捷的方式，实现了从早期传统定位到在定位的同时完成探测的转变和突破。

1.2.3　内外产业综合检测技术在城市地下管线开发中的应用

20 世纪 90 年代末，我国城市地下管线需求持续增加，信息化发展不断提高，特别是随着"数字全球"概念的提出，数字城市建设的脚步也在不断加快。在 1996 年广州市城市地下管线普查中，首次提出了提高施工效率、城市地下管网检测、数据库建设和数据信息处理、城市地下管网自动化测绘等要求。在内外产业的综合检测技术中，城市地下管网检测的根本方法为物探技术，获取城市地下管网数据和信息的主要方法是数字信息测绘技术。在城市地下管网建设中，发展和推广了内外行业一体化检测技术。首先，城市地下管网物探技术与设备在不断提高与完善，技术含量也越来越高；其次，数字化信息制图逐渐获得普及，施工效率也在不断提升，智能化与信息化的程度逐渐增加；最后，GPS(RTK) 和 GIS 技术的应用逐渐深入，地理空间信息收集的效率和能力也在不断增强。

1.2.4　地下管线探测仪的发展历程

(1)1931—1964 年，地下管线探测仪处在电子管和单一线圈时代。该阶段是管线探测仪的起步阶段，仪器结构比较简单，抵抗外界干扰能力比较差。1946 年，Fisher Labs 公司研究推出世界上第一台地下管线探测仪 M-Scope，它同时也是世界上第一款实用型地下管线探测仪。该仪器管线定位方法采用谷值法(Null)，管线测深采用 45°法。

(2)1964—1985 年，地下管线探测仪从电子管和单一线圈时代进入双线圈时代。1964 年，美国贝尔实验室(Bell Laboratories)发明了双水平线圈测深定位技术，可以直接对地下管线的埋深进行测量，该种定位技术利用差分信号进行定位，差分信号则由两个水平线圈产生。

(3)1985—2005 年，地下管线探测仪进入微处理器和组合线圈时代。双水平线圈和单一垂直线圈成为接收机的标准线圈组合模式，1995 年后，主流管线探测仪基本定型，此后 10 年间地下管线探测仪处于停滞不前的状态。

（4）2005年后，随着我国经济实力的不断增强和科技的不断进步，特别是中国改革开放的不断深入，城市发展对地下管线探测仪的需求不断增加，中国元素也在逐步加入国际地下管线探测仪产品，如 TMA-3000、TT2300、LD2000 等地下管线探测仪，地下管线探测仪进入产品和技术多元化时代。

1.3 地下管线的分类

城市地下管线的种类繁多，结构复杂，为了做好地下管线调查和探测工作，需要先弄清楚地下管线的分类及结构，这样才能采用相应的地下管线探测技术方法，有的放矢，高效率、高质量地完成地下管线的探测任务。

1.3.1 地下管线的种类

地下管线的种类，又可称为地下管线的类别，通常分为给水、排水、燃气、热力、电力、通信、工业、不明管线、综合管沟（管廊）九大类。其中，也有部分规程规范将通信管线称为电信管线，综合管沟（管廊）为现代产物，早期的地下管线分类中并无此类别。

（1）给水管线：包括生活用水、消防用水、工业给水、输配水管道等。

（2）排水管线：包括雨水管道、污水管道、雨污合流管道和工业废水等各种管道，特殊地区还包括与其工程衔接的明沟（渠）、盖板河等。

（3）燃气管线：包括煤气管道、天然气管道和液化石油气等。

（4）热力管线：包括供热水管道、供热气管道等。

（5）电力管线：包括动力电缆管线、照明电缆和路灯等各种输配电力电缆管道。

（6）通信管线：包括电话管线、广播管线、光缆管线、电视管线、军用通信管线和铁路及其他各种专业通信设施的直埋电缆等。

（7）工业管线：包括氧气、液体燃料、重油、柴油、化工、工业排渣和排灰等管道。

（8）不明管线：无法查明类别或功能的管线。

（9）综合管沟（管廊）：建于城市地下，可敷设多种管道、线缆的市政公用设施。

1.3.2 地下管线的结构

1. 给水管道结构

（1）给水管道的特点。给水管道系统，一般由水源地（江河、湖泊、水库、水源井等）取水，通过主管道（明渠、隧道、大型输水管道、浑水管道等）送到水厂，经水厂净化处理后，再由主干管道输送至用水区（工厂、住宅小区、企事业单位等）。各用水区根据自己的需求和条件，敷设本区的给水管道系统，通过该系统送到各用水点或通过支管道送往各家各户用水点。工厂、校园给水管道的敷设形式根据工艺流程、建（构）筑物的布置及场地的地形条件等确定，一般分为三个系统，即分组系统、组合系统和混合系统。生产用水、生活用水或消防用水均各自成独立系统的称为分组系统；生活用水和消防用水合为一个系统，生产用水另成一个独立系统的称为组合系统；生产、生活和消防用水合在一个系统内的称为混合系统。

城市供水管网通常采用组合系统，即生活用水和消防用水合为一个系统，也有部分城市生活用水和消防用水正在逐步分开形成各自独立的系统。另外，还有一些城市对管网进行改造，建立了中水系统，如泰安市的中水系统主要用于绿化、消防及卫生设备等用水。

（2）给水管道的管材。

1）铸铁管：使用最为广泛，分为承插口（图1-1）和法兰口（图1-2）两种。

图1-1　承插口　　　　　　　　　　　　　　图1-2　法兰口

2）钢管：通常为镀锌钢管（图1-3）、无缝钢管（图1-4）和碳钢直板卷管（图1-5），在150 mm以下的管线中广泛使用。

图1-3　镀锌钢管　　　　　　　　　　　　　图1-4　无缝钢管

图1-5　碳钢直板卷管

3)混凝土管：通常采用钢筋混凝土管（图1-6），常见管径为$DN200\sim2\,000$ mm，管长为$1\sim3$ m。混凝土管具有价格低、强度较高、自重大、难运输、抗震差等特点。其通过橡胶圈或钢丝网水泥砂浆抹带进行连接。

图1-6　钢筋混凝土管

4)塑料管：采用硬聚氯乙烯管材（PVC、UPVC）（图1-7）或PPR（图1-8）管材，常见管径为$DN20\sim250$ mm，具有材质轻、内壁光滑、耐腐蚀、施工方便、强度较高的特点。其连接方式主要有承插式、热熔式、法兰式。

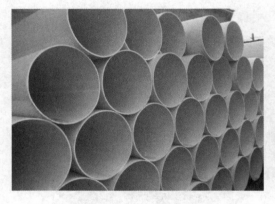

图1-7　UPVC管

图1-8　PPR管

（3）给水管道的管件。给水管道的管件较多，以下是较常用的部分管件。
1)丁字管，如图1-9所示。
2)叉管，如图1-10所示。

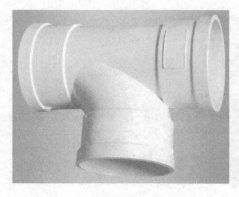

图1-9　丁字管

图1-10　叉管

3)十字管，如图1-11所示。

4)弯管，如图1-12所示。

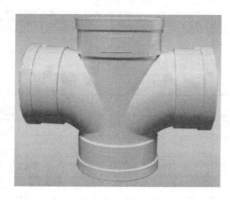

图 1-11　十字管　　　　　　　　　　　　　图 1-12　弯管

(4)给水管道的构筑物。

1)取水构筑物：用于取得地表水(河流、湖泊、水库)或地下水(水源井)等；

2)升水构筑物：如水泵站(房)等；

3)净化构筑物：用于改善水质，如清水池、净化池等；

4)贮水池：用于贮存水，如水塔、高位水池等；

5)冷却设备：采用循环供水时使用，如冷却塔、喷水池等。

(5)给水管道的附属物。

1)阀门：多安装在检查井内，用于启、闭水道；

2)消防栓：分地上和地下两种，地下消防栓安装在专门的检查井中，消防栓多安装在干线或支线的引出管上；

3)止回水阀：是一种防水逆流的装置，安装在只允许水向一个方向流动的地方，如给水干线上常安装此装置；

4)排气装置：安装在管道纵断面的高点，用于自动排除管道贮留的空气；

5)排污装置：安装在管道纵断面的低点，用于排除沉淀物；

6)预留接头：为扩建给水管道预先设置在管道上接管子用的接头；

7)安全阀：是防止"止回水阀"迅速关阀时产生水锤的压力过大，超过管道和设备能承受的安全压力的保护装置，当管道内压力超过安全阀的安全压力时，水即向外自动溢出；

8)检修井：一般用于安装管道上的各种附属设备，或用于维修人员进入井内检修。

2. 排水管道结构

(1)排水管道的特点。排水管道是接收、输送和净化城市、工厂，以及生活区的雨水、污水的重要市政基础设施，所排水包括工业污水、生活污水、雨水等。排水管道系统按排出方式分为合流式、分流式、组合式三种，合流式是工业废水、生活污水和雨水采用一个共同的管道排出；分流式是每一种污水经由独立的排水管道排出；组合式是将需要处理的生产污水和生活污水经由一个管道排出，将不需要处理的生产废水及雨水经由另一管道排出。在敷设排水管道时应考虑当地的冻土深度。

(2)排水管道的管材。一般排水管道的管材有钢筋混凝土管、混凝土管、塑料管、铸铁管、石棉水泥管、陶瓷管及砖石沟等，常用的是钢筋混凝土管，其管径的公称内径(表1-1)相对统一，但壁厚有差异，因此，外径随之不尽相同。

表 1-1 常见钢筋混凝土管、混凝土管排水管道管径

内径/mm	壁厚/mm	外径/mm	内径/mm	壁厚/mm	外径/mm
150	25	200	900	75	1 050
200	30	260	1 000	82	1 164
300	33	366	1 100	89	1 278
400	38	476	1 250	98	1 446
500	44	588	1 350	105	1 560
600	50	700	1 500	125	1 750
700	58	816	1 640	135	1 910
800	66	932	1 800	150	2 100

(3)排水管道的构筑物。排水管道系统常由下水道、水泵站、净化池等构筑物组成。在局部城区(山区)或者工厂、住宅区也有采用明沟或阴沟排除污水和雨水的。城市的排水管道系统一般由排水道和窨井组成。在排水管道上设有一系列窨井，这些窨井的功能各不相同，主要种类如下。

1)检查井(图 1-13)：用于维修人员进入井内清理淤塞和检查修理。常设置在渠道交会、转弯、渠道尺寸或坡度变化等处，相隔一定距离的直线渠道上也设置检查井。其材质为钢筋混凝土、混凝土、砖砌体、塑料等。

2)跌落井(图 1-14)：设置在落差较大处，将接受的废水和污水经沉淀后输出，是降低坡度，起净化作用的窨井。在平坦地区，此类窨井的设置根据工艺流程的需要，视下水含杂物的情况而定。

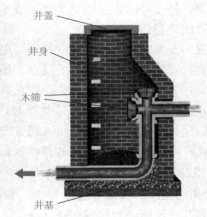

图 1-13 检查井　　　　　　图 1-14 跌落井

3)溢流井(图 1-15)：设置在合流渠道与截留渠道的交接处，用于完成截留(晴天)和溢流(雨天)。

4)跳跃井(图 1-16)：用于半分流制排水系统，主要在大雨时用于排放雨水。一般设置在截留渠道与雨水渠道的交接处。

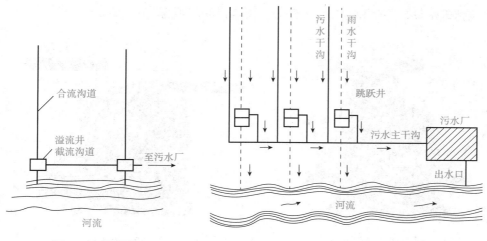

图 1-15 溢流井

图 1-16 跳跃井

　5）冲洗井（图 1-17）：污水在渠道内的流速不能保证自清时，作为防止淤积之用。主要设置在管径小于 400 mm 的较小渠道处，冲洗渠道长度一般为 250 m 左右。

　6）水封井（图 1-18）：工业废水中含有易燃的挥发性物质时，它的渠道空间常出现爆炸性气体，为防止该气体进入车间，在连接车间内、外沟段的窨井中应设置水封井，其水封深度不应小于 0.25 m。

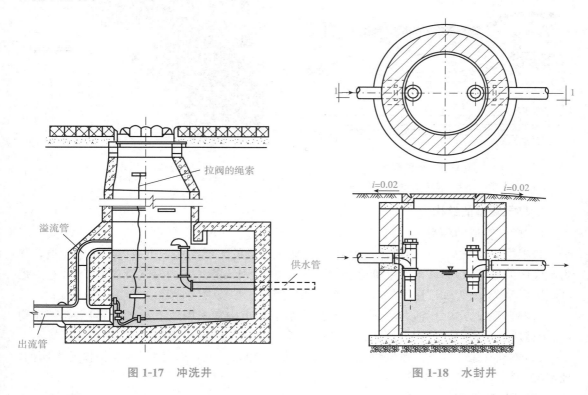

图 1-17 冲洗井

图 1-18 水封井

　7）潮门井（图 1-19）：用于防止潮水或河水倒灌进排水渠道，一般设置在排水渠道出水口上游的适当位置，是装有防潮闸门的检查井。

　8）雨水口（图 1-20）：用于收集地面雨水的构筑物，一般设置在雨水渠道或合流渠道上。

雨水口包括进水箅、井筒和连接管三部分。雨水口的间距为 25～50 m。

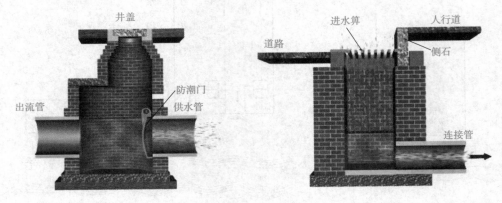

图 1-19　潮门井　　　　　　　　　　图 1-20　雨水口

　　9)倒虹管(图 1-21)：当排水管渠遇到河流、洼地或地下构筑物等障碍物时，按下凹的折线方式从障碍物下通过。倒虹管由进水井、出水井、沟管和溢流堰等组成。

　　10)出水口(图 1-22)：用于排水沟道最终流入水体，常设于岸边。

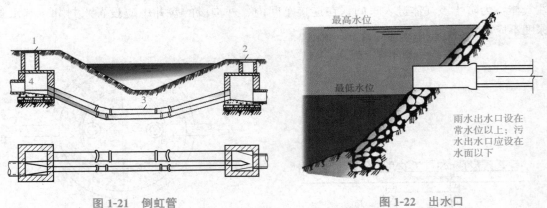

图 1-21　倒虹管　　　　　　　　　　图 1-22　出水口

1—进水井；2—出水井；3—沟管；4—溢流堰

3. 燃气管道的结构

　　(1)燃气管道的种类。

　　1)根据用途分类：长距离输气管道(其干管及支管的末端连接城市或大型工业企业，作为供应区的气源点)；城市燃气管道(分配管道、用户引入管、室内燃气管道)；工业企业燃气管道(工厂引入管和厂区燃气管道、车间燃气管道、炉前燃气管道)。

　　2)根据敷设方式分类：地下燃气管道(一般在城市中常采用地下敷设)；架空燃气管道(在管道通过障碍时，或在工厂区为了管理维修方便，采用架空敷设)。

　　(2)燃气管道的设备。燃气管道的设备包括气罐站、气压站、阀门井、检修井、阀门、抽水缸(凝水缸)、标石桩等。

　　(3)燃气管道的管材和管径。

　　1)燃气管道的管材有钢管、无缝钢管、铸铁管(用于低压煤气)、聚乙烯塑料管(PE 管)。

　　2)燃气管道的管径常采用外径表示，常见钢管规格见表 1-2。

表 1-2　常见钢管规格

材质	外径/mm													
铸铁	75	100	125	150	200	250	300	350	400	450	500	600	700	…
钢管	32	45	57	76	89	108	133	159	219	273	325	426	529	…
PE管	16	20	25	32	40	50	63	75	90	110	125	140	160	…

（4）燃气管道的部分构件。

1）全承丁字管，如图 1-23 所示。

2）全承十字管，如图 1-24 所示。

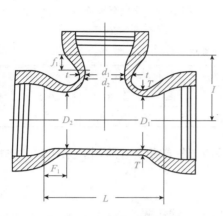

图 1-23　全承丁字管

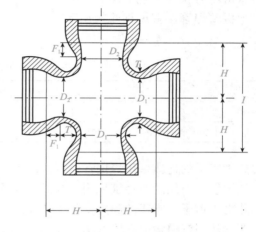

图 1-24　全承十字管

3）45°弯管，如图 1-25 所示。

4）90°弯管，如图 1-26 所示。

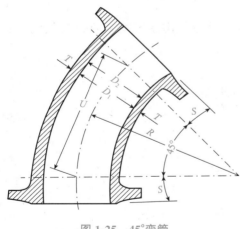

图 1-25　45°弯管

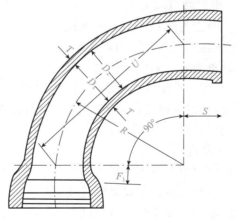

图 1-26　90°弯管

5）承插渐缩管，如图 1-27 所示。

4. 热力管道的结构

（1）热力管道的种类。根据管道输送介质的不同分为热水热力管道、蒸汽热力管道两种。

1）热水热力管道：输送介质是热水的热力管道。

13

2)蒸汽热力管道：输送介质是蒸汽的热力管道。

（2）热力管道的设备。热力管道的设备主要包括热力厂、调压站、中继泵站、检查井、阀门、阀门井、聚集凝结水短管、凝结水箱、放气阀、放水阀等设备。

（3）热力管道的管材及连接。

1)城市热力管道一般采用无缝钢管、钢板卷焊管，常见钢管规格见表1-3。

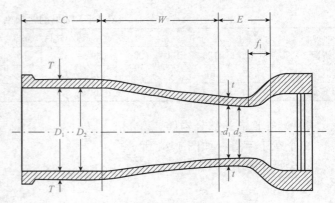

图1-27 承插渐缩管

表1-3 常见钢管规格

材质	内径/mm								
钢管	15	25	32	40	50	70	80	100	125
	150	200	250	300	350	400	450	···	

2)热力管道的连接采用焊接管道，与设备、阀门等拆卸附件连接时，采用法兰连接。

3)热力管道所用的变径管采用压制或钢板卷制。

4)热力管道干、支线的起点安装关断阀门。

5)热水热力管道输送干线每隔200～300 m，输配干线每隔1 000～1 500 m装设一个方段阀门。

6)热水凝结水的高点安装放气阀门。

7)热水凝结水的低点安装放水阀门。

5. 电力管道的结构

（1）电力管道的设备与构建筑物。电力管道的设备与构建筑物主要包括发电厂、变电站、配电站、配电箱、检查井等。

（2）电力管道的埋设种类。

1)直埋：电缆埋设在壕沟内，覆盖软土，上面设置保护板。

2)电缆沟或槽盒：封闭式不通行管沟，盖板可开启。

3)管道埋设。

4)电缆隧道。

（3）电力电缆分支的形式：主要采用T形或Y形。

（4）电缆材质：主要是铝芯或铜芯。

（5）电力电缆功能：分为供电(输电和配电)、路灯、电车等。

（6）电力电缆的电压：分为低压、高压和超高压3种，电力电缆的常见电压有0.22 kV、0.38 kV、1 kV、6 kV、10 kV、35 kV、110 kV、220 kV等。

6. 通信管道的结构

（1）通信管道结构的特点。通信管道是由具有一定容量的电缆、通道和一定数量的人孔、手孔和出入口，按一定的组合方式组合成通信管道设施系统。其中，布设通信管道的管孔部分和与之相接的人孔、手孔，是组成通信管道的基本要素。

（2）通信电缆的布设形式。按照局制可分为以下两类。

1）单局制通信电缆管道系统布设形式。

2）多局制通信电缆管道系统布设形式。

（3）通信管道的分类。通信管道按其在通信网络中所处的位置，布设电缆的性质，所用的管材和建设的结构不同，可综合分类以下五种。

1）进出局管道：进出电信局、通信台，连接主干通信管道。

2）主干管道：主干道路上的通信管道，主干道的管孔容量较大。

3）中继管道：各局之间的通信管道。

4）分支电缆：市区道路的通信管道，与主干管道或中继管道相连。

5）用户管道：从主干管道或分支管道特定人孔接出，进入用户小区、建筑物或用户院内的通信管道。

（4）通信管道的管材。

1）水泥预制管：早期使用最多的一种管材，是一种多管孔组合式结构的管材，有单孔、双孔、三孔、四孔、六孔、九孔、十二孔、二十四孔等，常见的为六孔和四孔两种，规格分别为 360 mm×250 mm 和 250 mm×250 mm。

2）钢管：单孔钢管按一定组合方式排列敷设于地下，通常用于过路、过桥或绕障碍物等路段。

3）塑料管：采用聚氯乙烯塑料管，是目前常用的管材。

4）其他管材：包括水泥管道、铸铁管和陶瓷管等。

（5）通信管道构筑物的分类。

1）管孔式通信管道：通常的埋设方式，即管埋方式。

2）通信电缆隧道：管沟埋设，有不通行、半通行、通行电缆专用隧道和公用隧道 4 种。

（6）人（手）孔的功能与结构。人（手）孔是各方向管道汇集的场所，也是摆放通信电缆、电缆接头、充气门、中继器、负荷箱、光缆盘等设施的场所，还是电缆分支引出场所及深度调节场所。

（7）人（手）孔分类。

1）矩形直通人（手）孔。

2）扇形人（手）孔。

3）斜通人（手）孔。

4）移位人（手）孔：矩形移位人（手）孔和 Z 形移位人（手）孔。

5）三通分支人（手）孔。

6）对称分支人（手）孔。

7）四通（十字）分支人（手）孔。

1.4 地下管线探测的基本要求

1.4.1 地下管线探测的一般规定

地下管线探测按探测任务可分为地下管线普查、地下管线详查、地下管线放线测量、地下管线竣工测量。地下管线普查可分为综合地下管线普查和修补测、专业地下管线普查、厂区或住宅小区地下管线普查。

地下管线探测是查明地下管线的平面位置、埋深（或高程）、走向、性质、规格、材质、建设时间和权属单位等信息；编制计算机数据成果文件和编绘地下管线图（综合管线图、专业管线图）；同时，建立地下管线数据库和地下管线信息管理系统；建立动态更新机制，实现地下管线的动态管理。

1. 坐标系统的选择

地下管线探测资料应与规划、设计部门使用的其他基础资料衔接，因此，地下管线探测坐标系统的选择必须与相应基础资料所采用的坐标系统一致。一般要求在市政及公用管线探测时应采用当地建设的城市坐标系统；在厂区或住宅小区管线探测时和施工现场满足使用需求的条件下可采用本地区建筑坐标系统。《城市地下管线探测技术规程》（CJJ 61—2017）中规定：城市地下管线探测工程宜采用 CGCS 2000 国家大地坐标系，采用其他坐标系时，应与 CGCS 2000 国家大地坐标建立转换关系。

2. 地下管线图比例尺的选择

城市地下管线普查或竣工测量成图的比例尺和分幅，应与城市基本地形图比例尺和分幅统一。其他类型地下管线探测成果图的比例尺和分幅，可根据实际情况或要求确定，一般可以按表 1-4 进行选择。

表 1-4　地下管线图比例尺的选择

探测类别		比例尺选择
市政公用管线探测	市区	1∶500～1∶2 000
	郊区	1∶1 000～1∶5 000
厂区或住宅小区管线探测		1∶500～1∶1 000
施工场地管线探测		1∶200～1∶1 000
专用管线探测		1∶500～1∶5 000

3. 探测精度

地下管线探测主要包括实地探查、管线点测量（包括地形测量）和管线图编绘 3 个阶段。地下管线探测的管线点是指为准确描述地下管线走向、特征和附属设施位置，在地下管线探测工作中设立的测量点，分为明显管线点和隐蔽管线点。明显管线点是指实地可见的管线中心位置（特征位置）点，且是可直接测定的管线点。隐蔽管线点是指实地不可见的、隐蔽的，需要采用辅以仪器探测或打样洞等探测方法间接测定的管线点。《城市地下管线探测技术规程》（CJJ 61—2017）中对管线探测精度有如下规定。

（1）明显管线点的量测精度：中误差 δ_{td} 不应大于 25 mm。

（2）隐蔽管线点的探查精度：平面位置中误差不应大于 $0.05h$；埋深中误差不应大于 $0.075h$。其中，h 为地下管线的中心埋深，单位为 mm，当 $h < 1\ 000$ mm 时以 $1\ 000$ mm 代入公式计算。进行地下管线详查时，地下管线平面位置和埋深探查精度可依据资料使用要求另行约定。

(3)地下管线点的测量精度：平面位置测量中误差不应大于 50 mm（相对于该管线点起算点），高程测量中误差不应大于 30 mm（相对于该管线点起算点）。

1.4.2 地下管线代码与符号

地下管线代码及符号、特征点及附属设施参照相关规程、规范执行，不同地区有不同的规范要求，详见附录。

1.5 典型案例分析

1.5.1 案例背景

2010 年 3 月 15 日，某市重点市政工程项目在某大街路段施工，凿破管径为 400 mm 的天然气主管，致使附近一栋四层居民楼被烧，造成近 5 000 户居民天然气被停，双向交通中断数小时，同年 4 月 16 日，在靠近某线路段，某施工单位在进行立交桥钻探作业时，将一条天然气高压主干管钻破，造成天然气泄漏，千余居民被疏散。地下管线是城市生存和发展的"生命线"，频繁发生管线破坏事件，严重影响人民生活，给人民财产造成重大损失，甚至危及人民生命，同时给社会经济发展带来的直接、间接损失巨大。为此，武汉市勘测设计研究院开展城市建设施工前地下管线详勘工作，准确查明地下管线空间走向，为建设项目设计与施工提供翔实的地下管线分布数据，最大限度地降低了施工破坏"生命线"的风险。

1.5.2 存在的问题

(1)2010 年，探测某市××街与××路交叉口过街 400 mm 天然气铸铁管道与竣工跟踪测量对比结果，探测结果与实际走向偏差较大。典型错误一是弯头探测失真；二是探测管线走向违背敷设"有压让无压"的规律。

(2)2010 年春，该项目天然气管道采用顶管（钢管外加 800 mm 套管）施工，且在图纸上标明顶管方向，套管管底深度为 4 m，顶管施工至 30 m 处发现给水管道与套管正交，已完成的 30 m 工程作废。

1.5.3 分析问题

(1)探测的管道弯头与实际不符，产生这种问题的原因是弯头处定点两切线方向线电流 H_x 分量相互影响，水平分量的极大值向拐弯侧收缩，埋深大时，极大值连线的曲率半径大，埋深小时则曲率半径小。因此，在确定拐弯点位置时，只能采取"交会"的办法。

(2)探测结果与实际走向偏差大，产生这种问题的原因是探测员缺乏燃气管道敷设规律的知识，即"有压让无压"且尽量避开已有检修井。

(3)通过对现场重新探查，在离路口东侧 90 m 处正跨湖桥下发现 500 mm 给水管道出露，测量管顶标高为 18.7 m，推算路口处该管道深度为 3.5 m，与顶管施工发现该给水管道深度一致。同时，通过运用电磁感应法探测该管道，信号稳定且较强，探测管道埋深（管道中心）分别为 3.7 m、3.8 m，平面位置、埋深均与实际相符。比较两次探测结果发现：2009

年探测成果定点处平面位置准确，但两点延长成果误差大(偏差超过1 m)；大功率管线探测仪对于4 m深度内单一管线测深精度能满足规范要求；探测共用通信管道深度为3.2 m，原成果井边标注为0.83 m，推断该通信线过街为顶管施工。

1.5.4　经验总结

探测过程中碰到桥梁涵沟等设施时必须仔细观察，横穿管道往往在此处出露，在桥梁涵洞处常出现遗漏非金属管道；在管线密度较小处提倡使用大功率、高频率管线探测仪，以增强信号，避免遗漏管线，提高探测精度；随着非开挖施工的普及，城市道路交叉口管道施工多采用顶管施工，管道呈倒抛物线状穿越路口，在探测过程中需加密管线点，以准确反映管线竖向空间位置，确保拟建管道走向与已有管线走向在竖向保持安全距离；审定测区边缘管线点和测区边界时，作业人员往往容易产生懒惰与侥幸心理，管线点测定完成后才发现距离测区边界还差几米，随意将管线延伸出边界，质量问题往往就出现在这种位置。

复习思考题

一、填空题

(1)地下管线探测是指为确定地下管线属性和空间位置而实施的全部作业过程，包括_____和_____两个基本内容。

(2)地下管线探测按探测任务可分为_____、_____、_____和_____ 4类。

(3)地下管线探测主要包括_____、_____和_____ 3个阶段。

(4)给水管道包括_____、_____和_____等管道。

(5)混凝土管通常采用钢筋混凝土管，常见管径为_____。

二、判断题

(1)跳跃井是用于半分流制排水系统，主要在大雨时用于排放雨水。　　　　　　（　　）

(2)燃气管道按用途可分为城市燃气管道和工业企业燃气管道。　　　　　　　（　　）

(3)按照局制分类，电信电缆的布设形式主要分为单局制和双局制。　　　　　（　　）

(4)地下管线点的测量精度，其平面位置测量中误差不应大于$m_s \pm 3$ cm。　（　　）

(5)排污管道系统按排出的方式分为合流式、分流式、组合式3种。　　　　　（　　）

三、简答题

(1)简述地下管线探测的目的和意义。

(2)简述国内外管线探测技术的发展历程。

(3)地下管线的种类包括哪些？

项目 2

地下管线探测方法

知识要点	能力要求	权重
地下管线探测技术设备	了解探深方法试验；熟悉地下管线现况调绘和现场踏勘内容	5%
明显管线点调查	了解管线点设置要求；熟悉明显管线点调查内容和方法	25%
隐蔽管线点探测方法	了解隐蔽管线点探测技术方法分类；掌握频率域电磁法、电磁波法的技术方法及操作要求；了解电磁波法的工作原理；了解其他物探方法	30%
地下管线探测仪操作	熟悉地下管线探测设备；掌握 RD8000 地下管线探测仪的操作方法	25%
报告编写与验收	能够进行技术报告书的编写和成果质量控制、检验	15%

任务描述

地下管线探测是指确定地下管线属性、空间位置的全过程。地下管线探测包括地下管线探查和地下管线测绘两个基本内容。地下管线探查是通过现场调查和不同的探测方法探寻各种管线的埋设位置和深度，并在地面设立测点——管线点。地下管线测绘是对已查明的地下管线位置即管线点的平面位置和高程进行测量，并编绘地下管线图。

地下管线探查应在现场查明各种地下管线的敷设状况，即管线在地面上的投影位置和埋深，同时应查明管线类别、材质、规格、载体特征，电缆根数、孔数及附属设施等，绘制探查草图并在地面上设置管线点标识标志。

职业能力目标

在进行地下管线探测工作时，需要了解地下管线探测的主要方法，能够进行明显管线点调查工作，熟练地操作管线探测仪和探地雷达进行管线探测，且编制探测项目技术报告等。学习完本项目内容后，应该达到以下目标：

（1）了解地下管线探查的主要方法和适用范围；

（2）熟悉明显管线点调查内容和方法；

（3）掌握频率域电磁法、电磁波法及其他物探方法及操作要求，了解物探方法的基本工作原理；

（4）能够针对不同地下管线材质及埋设方式，正确选择探查方法；

（5）能够熟练操作地下管线探测仪、探地雷达等常见设备完成地下管线探测，规范记录探测结果。

◈ 典型工作任务

通过资料收集和现场踏勘，掌握待查地下管线的材质及埋设方式等基本信息，科学选择适用的探查方法；能够熟练操作地下管线探测仪、探地雷达等常用设备，配合其他探查人员共同完成地下管线探测，规范记录探测结果。

情境引例

地下管线探测的核心问题是对地下管线进行准确的定位与定深。地下管线探测工作实质上就是利用各种地下管线本身所具有的与其周围介质不同的物理特性及其与周围环境特征的关系来查找埋设在地下的各种管线的空间状态（位置、埋深、走向），利用地下管线的不同物理特性差异，实现对地下管线的探测，这就形成了不同的探测方法。从原理上讲，电磁法（含电磁波法）、直流电法（高密度）、磁法、地震波法（面波）、红外辐射法等物探方法，均可用于地下管线探测。

管线点分为明显管线点和隐蔽管线点。明显管线点是指实地可见，能用简单技术手段直接定位和量取有关数据的地下管线或其附属设施上所设置的测点，如窨井、消火栓、人孔及其他地下管线出露点。对于明显管线点，通过实地调查和量测即可获取其所需信息和数据。隐蔽管线点是指实地不可见，必须采用仪器设备或其他辅助手段才能进行探查并对管线进行定位和定深的管线点。目前，国内外用于地下管线（隐蔽管线点）探测的物探方法主要为电磁法。近几年大量的工程实践证明，电磁法在地下管线探测中应用最广泛，效果较好，速度快、成本低，是一种比较经济实用的方法。

2.1 技术准备

地下管线探测工作应开展技术准备，技术准备的内容根据探测工程类型确定。地下管线探测应根据现场踏勘结果，对拟订的探测方法与技术进行有效性试验，确定采用的探测方法与技术，提出拟采用的探测仪器设备。探测技术设计书应在地下管线现况调绘、现场踏勘、探测方法试验、探查仪器校验的基础上编制。

2.1.1 地下管线现况调绘

地下管线现况调绘应对已有的地下管线资料进行收集、分类、整理，编绘地下管线现况调绘图。应收集的资料如下。

（1）已有管线图、竣工测量成果或探测成果；

（2）管线设计图、施工图、竣工图、设计与施工变更文件技术说明资料；

（3）现有的控制测量资料和适用比例尺的地形图。

编绘地下管线现况调绘图时应将管线位置、连接关系、附属物等转绘到相应比例尺地形图上，编制地下管线现况调绘图，并在地下管线现况调绘图上注明管线权属单位，管线的类别、规格、材质、传输物体特征。建设年代等属性及管线资料来源。另外，地下管线现况调绘图宜根据管线竣工图、竣工测量成果或已有的外业探测成果编绘；无竣工图、竣工测量成果或外业探测成果时，可根据施工图及有关资料，按管线与邻近的附属物、明显地物点、现有路边线的相互关系编绘。

2.1.2 现场踏勘

现场踏勘应核查收集资料的完整性、可信度和可利用程度；核查调绘图上明显管线点与实地的一致性；核查控制点的位置和保存状况，并验算其精度；核查地形图的现势性。通过察看测区地形、地貌、交通、环境及地下管线分布与埋设情况，调查现场地球物理条件和各种可能的干扰因素，以及生产中可能存在的安全隐患。

现场踏勘完成后，应判定地形图的可用性，并在地下管线现况调绘图上标注与实地不一致的管线点；记录控制点保存情况和点位变化情况。根据实际情况拟订探测方法、试验场地及制定安全生产措施。

2.1.3 探测方法试验

探测方法试验应在地下管线探测前进行，探测方法试验可与探测仪器校验同时进行。试验场地和试验条件要具有代表性和针对性，探测方法试验应在测区范围内的已知管线段上进行。探测方法试验宜针对不同类型、不同材质、不同埋深的地下管线和不同地球物理条件分别进行，拟投入使用的不同类型、不同型号的探测仪器均应参与试验。

探测方法试验结束后，还需要对试验结果进行验证和校核，评价、确定有效的探测方法和技术参数，并编写探测方法试验报告。验证和校核内容应包括探测方法和仪器的有效性、技术措施的可行性与有效性、探查结果的可靠性与精度。

2.2 明显管线点调查

2.2.1 管线点的设置

1. 管线点设置的基本要求

（1）管线点宜设置在管线的特征点（包括交叉点、分叉点、转折点、起止点及管线上的附属设施中心点或轮廓点等）或其地面投影位置上。

（2）在没有特征点的管线段上，应以能反映地下管线走向变化、弯曲特征为原则设置地面管线点。在施工场地探测各类管线时，宜每 5～10 m 设一个管线点；无特殊要求时直线段上的管线点间距不宜大于 75 m。

（3）应在检查井的中心设置管线点，其他附属设施（物）的管线点应设置在其地面投影的几何中心。

（4）应在能通行并具备测量条件的综合管沟（廊）的几何中心设置管线点，反之，应在其几何中心的地面投影位置设置管线点。

（5）当管线附属设施（物）的管线点偏离管线中心线在地面的投影位置，偏距大于或等于

21

0.4 m时，应量测和记录偏距，并应分别设置管线点。

(6)管线点的编号。可采用管线小类代码(无小类代码时可直接采用大类代码)、管线编号和管线点顺序号3部分组成管线点的编号，例如：JS2-14表示给水管道，第2号管道，第14号管线点。也可以采用管线小类代码＋作业分区编号＋管线点顺序号的三级编号等方法，例如：YS02001表示第2作业分区的001号雨水管线点。无论采用哪种编号方法，均应满足后期管线点数据库内管线点命名的唯一性要求，即便于后期管线点号的统一归并修改和统一命名。管线种类、代号、代码与颜色见表2-1。

(7)管线点实地标识标志。进行地下管线调查时，应在实地设置相应的醒目标识标志，因城市管理限制，不能在实地设置醒目标识标志时，应在关键、重要节点等位置设置清晰的非连续性标识标志。

表2-1 管线种类、代号、代码与颜色

类别(大类)			小类			颜色(RGB值)
名称	代号	代码	名称	代号	代码	
给水	JS	1	原水	JY	01	天蓝(0，255，255)
			输水	SS	02	
			中水	ZS	03	
			配水	JP	04	
			直饮水	JZ	05	
			消防水	XS	06	
			绿化水	LS	07	
			循环水	JH	08	
排水	PS	2	雨水	YS	01	褐(76，57，38)
			污水	WS	02	
			雨污合流	HS	03	
燃气	RQ	3	煤气	MQ	01	粉红(255，0，255)
			液化气	YH	02	
			天然气	TR	03	
热力	RL	4	热水	RS	01	橘黄(255，128，0)
			蒸汽	ZQ	02	
电力	DL	5	供电	GD	01	大红(255，0，0)
			路灯	LD	02	
			交通信号	XH	03	
			电车	DC	04	
			广告	GG	05	
通信	TX	6	电话	DH	01	绿(0，255，0)
			有线电视	DS	02	
			信息网络	XX	03	
			广播	GB	04	

| 类别（大类） | | | 小类 | | | 颜色 |
名称	代号	代码	名称	代号	代码	（RGB值）
工业	GY	7	氢气	QQ	01	黑（0，0，0）
			氧气	YQ	02	
			乙炔	GQ	03	
			乙烯	YX	04	
			苯	BQ	05	
			氯气	LQ	06	
			氮气	DQ	07	
			二氧化碳	EY	08	
			氨气	AQ	09	
			甲苯	JB	10	
其他	QT	8	综合管沟	ZH	01	黑（0，0，0）
			不明管线	BM	02	紫（102，0，204）

2. 地面管线点标志的设置要求

（1）管线点均应设置地面标志。应根据标志需要保留的时间长短和地面的实际情况确定选择地面标志（预制水泥桩、刻石、木桩、铁钉、油漆等）。

（2）标志面宜与地面基本一致，当高于或低于地面 2 cm 时，应测量其高出或低于地面的数值，并在探测记录表中注记。

（3）标志埋设后应在点位附近用颜色漆标注编号，标注位置宜选择在明显且能较长时间保留的地方。

（4）当管线点的实地位置不易寻找时，应在探测记录表中注记其与附近固定地物之间的距离和方位，实地栓点，并绘制位置示意图。

2.2.2 调查内容和方法

（1）对明显管线点上所出露的地下管线及其附属设施（物）应做详细调查、记录和量测，并按表 2-2 的格式填写管线点调查结果。各种地下管线实地调查的项目可按表 2-3 选择。

表 2-2 地下管线探测记录表

工程名称：　　　　工程编号：　　　　管线类型：　　　　发射机型号、编号：
权属单位：　　　　测区：　　　　图幅编号：　　　　接收机型号、编号：

| 管线点号 | 连接点号 | 管线点类别 | | 材质 | 管线规格/mm | 载体特征 | | 隐蔽点探测方法 | | | 埋深/cm | | | 偏距/cm | 埋设 | | 备注 |
		特征	附属物			压力（电压）	流向（根数）	激发	定位	定深	外顶（内底）	中心			方式	年代	
												探测	修正后				
1	2	3	4	5	6	7	8	9	10	11	12	13	14	15	16	17	18

管线点号	连接点号	管线点类别		材质	管线规格/mm	载体特征		隐蔽点探测方法			埋深/cm			偏距/cm	埋设		备注
		特征	附属物			压力(电压)	流向(根数)	激发	定位	定深	外顶(内底)	中心			方式	年代	
												探测	修正后				

探测单位：　　　　　　探测者：　　　　　探测日期：　　　　　校核者：　　　　　第　页共　页

注：激发方式：1 直接连接；2 夹钳；3 感应(直立线圈)；4 感应(压线)；5 其他。
　　定位方式：1 电磁法；2 电磁波法；3 钎探；4 开挖；5 根据调绘资料。
　　定深方法：1 直读；2 百分比；3 特征点；4 钎探；5 开挖；6 实地量测；7 雷达；8 根据调绘资料；
　　　　　　　9 内插。

表 2-3　各类地下管线实地调查属性项目

管线类别	埋设方式	埋深		断面		孔(根)	材质	附属物	偏距	载体特征			埋深年代	权属单位
		内底	外顶	管径	宽×高					压力	流向	电压		
给水	管道	—	▲	▲	—	▲	▲	▲	▲	—	—	—	△	△
	沟道	▲	—	—	▲	—	▲	▲	▲	—	—	—	△	△
排水	管道	▲	▲	▲	—	▲	▲	▲	▲	—	▲	—	△	△
	沟道	▲	—	—	▲	—	▲	▲	▲	—	▲	—	△	△
燃气	管道	—	▲	▲	—	—	▲	▲	▲	△	—	—	△	△
	沟道	▲	—	—	▲	—	▲	▲	▲	△	—	—	△	△
热力	管道	—	▲	▲	—	—	▲	▲	▲	—	—	—	△	△
	沟道	▲	—	—	▲	—	▲	▲	▲	—	—	—	△	△
电力	管块	—	▲	—	▲	▲	▲	▲	▲	—	—	△	△	△
	沟道	▲	—	—	▲	—	▲	▲	▲	—	—	△	△	△
	直埋	—	▲	—	△	▲	▲	▲	▲	—	—	△	△	△
通信	管块	—	▲	—	▲	▲	▲	▲	▲	—	—	△	△	△
	沟道	▲	—	—	▲	—	▲	▲	▲	—	—	△	△	△
	直埋	—	▲	—	△	▲	▲	▲	▲	—	—	△	△	△
工业	管道	—	▲	▲	—	—	▲	▲	▲	△	△	—	△	△
	沟道	▲	—	—	▲	—	▲	▲	▲	△	△	—	△	△
其他	综合管廊(沟)	—	▲	—	▲	—	▲	▲	▲	—	—	—	△	△
	不明管线	—	▲	—	△	—	—	—	▲	—	—	—	△	△

注：▲表示应查明的项目；△表示宜查明的项目

实地调查应对照地下管线现况调绘图，详细调查明显管线点的相关属性信息。

（2）实地调查需要查明地下管线的种类，地下管线的大类、小类应按功能或用途区分。

①给水按功能或用途分为原水、输水、中水、配水、直饮水、消防水、绿化水、循环水。

②排水按功能或用途分为雨水、污水、雨污合流。

③燃气按功能或用途分为煤气、液化气、天然气。

④热力按功能或用途分为热水、蒸汽。

⑤电力按功能或用途分为供电、路灯、交通信号、电车、广告。

⑥通信按功能或用途分为电话、有线电视、信息网络、广播。

⑦工业按功能或用途分为氢气、氧气、乙炔、乙烯、苯、氯气、氮气、二氧化碳、氨气、甲苯。

⑧其他按功能或用途分为综合管沟、不明管线。

(3)实地调查需要查明地下管线的埋设方式，地下管线的大类按照埋设方式可分区分：

①给水按照埋设方式可分为管道、沟道；

②排水按照埋设方式可分为管道、沟道；

③燃气按照埋设方式可分为管道、沟道；

④热力按照埋设方式可分为管道、沟道；

⑤电力按照埋设方式可分为管块、沟道、直埋；

⑥通信按照埋设方式可分为管块、沟道、直埋；

⑦工业按照埋设方式可分为管道、沟道；

⑧其他按照埋设方式可分为综合管廊(沟)、不明管线；

在明显管线点上量测管线规格还应符合下列规定：管道及管廊(沟)应量测其断面尺寸。圆形断面应量测其公称直径，管廊(沟)、沟道应量测断面内壁的宽和高；电缆管块(组)应量测其外廓的宽和高，并宜查明其总孔数、电缆条数及占用孔数，直埋电缆的规格用电缆条数表示；箱涵应量测总断面和单孔断面尺寸，并调查占用孔数；当检查井小室的面积大于 $2m^2$ 时，应量测检查井小室内壁的实际投影范围。

在明显管线点上实地量测地下管线埋深时还需要符合下列规定：应根据管线的类别不同，按表 2-3 的规定量测管线的外顶埋深或内底埋深；地下管线埋深可采用计量器具直接量测，量测结果精确到小数点后两位；当各类可开启的地下管线检查井、阀门、手孔、凝水缸等附属设施(物)内部淤积掩埋或覆盖地下管线，导致无法直接量测时，应采用其他方法查明其埋深，在记录上注明量测方法。

2.2.3 探测工作质量检验

(1)地下管线探测作业单位应建立质量管理体系，执行"两级检查、一级验收"的质检制度，并提交各工序质量检查报告。地下管线普查工作应建立工程监理制度，实行全过程的质量监控，工程监理机构应在作业单位完成各工序自检合格的基础上，对作业过程各工序进行质量检查，并提交工程监理报告。

各级检查工作必须独立进行，不能省略或代替。质量检查应按表 2-4 的格式填写探测质量检查结果。

(2)每一个工区必须在隐蔽管线点和明显管线点中分别抽取不少于各自总点数的 5%，通过重复探测进行质量检查。检查取样应分布均匀，随机抽取，在不同时间、由不同的操作员进行。质量检查应包括管线点的几何精度检查和属性调查结果检查。

(3)管线点的几何精度检查包括隐蔽管线点和明显管线点的检查。对隐蔽管线点应复查地下管线的平面位置和埋深。对明显管线点应复查地下管线的埋深。

表 2-4　地下管线探测质量检查表

工程名称：　　　　　　检查单位：　　　　　　检查单位：

工程编号：　　　　　　探查仪器：　　　　　　检查仪器：　　　　　检查方式：

检查点序号	点所在图幅号	管线点号	管类	材质	平面定位偏距/cm	埋深/cm			评定	备注
						探查	检查	差值		
1	2	3	4	5	6	7	8	9	10	11

2.3　隐蔽管线点探测

随着地球物理勘探技术的进步和发展，隐蔽管线点探测所采用的地球物理探测技术方法较多。常用方法主要有电磁法、电磁波法等。无论采用何种方法，在探测隐蔽管线点时均应遵循"从简单到复杂、从已知到未知"的原则，在复杂条件下可采用综合探测方法。详细的隐蔽管线地球物理探测技术要求，参照《城市地下管线探测技术规程》(CJJ 61—2017)的第五章内容执行。

2.3.1　隐蔽管线点探测概述

1. 工作原则及要求

地下管线探测的物探方法较多，应根据任务要求、探测对象、当地地球物理条件和实际情况，并通过试验进行选择。物探方法探测的准确性、精度取决于管线及其周围土或其他介质的特性。采用物探方法探测地下管线必须具备的条件：被探测的地下管线与其周围土或其他介质之间有明显的物性差异；被探测的地下管线所产生的异常场有足够的强度，能从干扰背景中清楚地分辨出其异常；探测精度满足标准要求。在探测地下人防巷道时宜采用电磁波法，也可采用浅层地震勘探法、面波法或电阻率法，当操作人员能进入巷道时，宜采用示踪电磁法。采用电磁感应法探测钢筋混凝土地坪下的管线时，接收机应距离地面一定高度，以克服钢筋网的干扰。物探探测法应遵循的原则如下。

(1)从已知到未知。

(2)从简单到复杂。

(3)如工况区有多种物探方法可供选择，则应选择效果好、轻便、快速、安全和成本低的方法。

(4)在管线分布复杂的工况区，为了提高对管线的分辨率，经常需采用综合物探方法。

2. 探测方法的选择

（1）金属管道和电缆的探测方法选择。金属管道和电缆的探测方法应根据管线的类型、材质、管径、埋深、出露情况、接地条件及干扰等进行选择。

1）对于金属管道宜采用电磁感应法。当存在相邻管线干扰，并有出露点时，宜采用直接法。

2）对于接头为高电阻体的金属管道，宜采用频率较高的电磁感应法或夹钳法。

3）对于管径（相对埋深）较大的金属管道，宜采用电磁感应法，也可采用磁法、电磁波法或地震波法。

4）对于相对埋深（相对管径）较大的金属管道，宜采用功率（或磁矩）大、频率低的电磁感应法。

5）对于电力电缆宜采用被动源功法，辅以主动源功法。当电缆有出露时，宜采用夹钳法。

6）对于电信电缆和照明电缆宜采用主动源电磁法，有条件时可施加断续发射信号。

（2）非金属管道的探测方法选择。非金属管道的探测是一个技术难题，目前我国一些单位采用电磁波法（地质雷达）获得了成功，这种方法对于金属和非金属管道都是有效的，但仪器价格较高。

1）对于有出入口的非金属管道宜采用示踪电磁法。

2）对于钢筋混凝土管道可采用电磁感应法，当其埋深不太大时，也可采用磁偶极感应法。

3）对于管径较大的非金属管道，当具备接地条件时，可采用直流电阻率法。

4）对于热力管道或高温输油管道宜采用主动源电磁法或红外辐射法。

金属和非金属地下管线的探测一般有多种方法可供选择，表 2-5 列出了探测地下管线物探方法的种类。

表 2-5　探测地下管线物探方法的种类

方法名称		基本原理	特点和适用范围
电磁法	被动源法 — 工频法	利用动力电缆本身的，或邻近电缆或工业游散电流在金属管线中感应电流所产生的电磁场	方法简便、成本低、工作效率高，但分辨率不高、精度较低。用于探测动力电缆和搜索金属管线
	被动源法 — 甚低频法	利用甚低频无线电发射台的电磁场在金属管线中感应电流所产生的电磁场	方法简便、成本低、工作效率高，但精度较低，干扰大，其信号强度与无线电台、管道的相对方位有关。在一定条件下，可用来搜索电缆和金属管线
	主动源法 — 直接法	发射机一端接到被测管线上，另一端接地或接到管线的另一端，利用直接加到被测管线上的信号	信号强，定位、定深精度高，易分辨邻近管线。在金属管线有出露点时，用于定位、定深或追踪各种金属管线
	主动源法 — 夹钳法	利用专用地下管线探测仪配备的夹钳，夹套在管线上，通过夹钳上的感应线圈把信号直接加到管线上	信号强，定位、定深精度高，易分辨邻近管线，方法简便，但信号传输不远。用于管线直径较小且有出露点的金属管线，做定位、定深或追踪

方法名称			基本原理	特点和适用范围
电磁法	主动源法	电偶极感应法	利用发射机两端接地产生的电磁场在管线中感应产生的信号	信号强。在具备接地条件的地区,可用来搜索和追踪金属管线
		磁偶极感应法	利用发射线圈产生的电磁场在金属管线中感应电流所产生的电磁场异常	操作灵活、方便,效率高,效果好。用于搜索金属管线,也可用于定位、定深和追踪
		示踪电磁法	将能发射电磁信号的示踪探头或电缆送入非金属管道,在地面上用仪器追踪该信号	能用探测金属管道的仪器探测非金属管道。用于探测有出入口的非金属管道
		电磁波法(或地质雷达法)	利用脉冲雷达系统,连续向地下发射脉冲宽度为几毫微秒的视频脉冲,接收反射回来的电磁波脉冲信号	对直径小的管线效果差,且仪器价格高。在常规方法无法探测且地表干扰物少的情况下,可用来探测各种金属、非金属管线和人防巷道
直流电法		电阻率法	利用视电阻法勘探的原理,采用相应的装置在金属管线或非金属管道上产生的异常	可利用常规电阻率法勘探仪探测地下管线,但供电和测量均需接地。在接地条件好的场地探测直径较大的金属、非金属管线和人防巷道
		充电法	直流电源的一端接被查管线,另一端接地,利用管线充电后在其周围产生的电场	精度高,探测深度大。用于追踪具备接地条件和出露点的金属管线
磁法		磁场强度法	利用金属管线与周围介质之间的磁性差异,测量磁场强度	可利用常规磁法勘探仪器探查铁磁性管道,探测深度大,但受磁性体的干扰。在磁性干扰小的地区探测铁磁性管道
		磁梯度法	测量地磁场强度梯度的变化	对铁磁性管道或井盖的灵敏度高,但受磁性体的干扰大。用于探量掩埋的铁磁性管道或窨井盖
地震波法		浅层地震反射波法	利用地下管道与周围介质之间的波阻抗差异,用反射波法做浅层地震时间剖面	探测深度大,时间剖面反映管道位置直观,但探测成本高。在其他方法探测无效时,用于探测直径较大的金属、非金属管道和人防巷道
		面波法	利用地下管道与其介质之间的面波波速差异,测量不同频率激震所引起的面波速度	探测设备和方法比浅层地震反射波法简便,可探测金属与非金属管道,但目前处于研究阶段,方法技术不够成熟。用于探测直径较大的非金属管道和人防巷道
红外辐射法			利用管道或其填充物与周围土之间的热特性的差异	探测方法简便,但必须具备相应的地球物理前提。用于探测暖气管道、高温输油管道或水管漏水点

2.3.2　频率域电磁法

电磁法是探测地下管线的主要方法,它以地下管线与周围介质的导电性及导磁性差异为主要物性基础,根据电磁感应原理观测和研究电磁场空间与时间分布规律,从而达到寻找地下金属管线或解决其他地质问题的目的。

电磁法可分为频率域电磁法和时间域电磁法,前者利用多种频率的谐变电磁场,后者利用不同形式的周期性脉冲电磁场,由于这两种方法产生异常的原理均遵循电磁感应规律,故其基础理论和工作方法基本相同。在目前地下管线探测中主要以频率域电磁法为主,下面主要介绍频率域电磁法。

1. 电磁法探测技术原理概述

各种金属管道或电缆与其周围的介质在导电率、磁导率、介电常数方面有较明显的差异,这为用电磁法探测地下管线提供了有利的地球物理前提。由电磁学知识可知,无限长载流导体在其周围空间存在磁场,而且这个磁场在一定空间范围内可以被探测到,因此,如果能使地下管线载有电流,并且把它理想化为一无限长载流导线,便可以间接地测定地下管线的空间状态。在探测工作中,通过发射装置对金属管道或电缆施加一次交变场源,对其激发而产生感应电流,在其周围产生二次磁场。通过接收装置在地面测定二次磁场及其空间分布,然后根据这种磁场的分布特征来判断地下管线所在的位置(水平、垂直)。

2. 电磁法探测仪器设备

(1)基本原理。由电磁法探测地下管线的工作原理可知,只要探测到地下管线在地面产生的电磁异常,便可得知地下管线的存在。要做好该工作,探测人员除要掌握探测技术外,还必须要选择合适的设备及工具——地下管线探测仪。目前市场上销售的各种型号的地下管线探测仪,其结构设计、性能、操作、外形等虽各不相同,但工作原理相同,均是以电磁场理论为依据以,以电磁感应定律为理论基础设计而成,它们都是由发射机与接收机组成的收发系统。

1)发射机。发射机由发射线圈及一套电子线路组成。其作用是向管线施加某种频率的信号电流。可采用感应、直接、夹钳等方式施加电流。其中,感应方式应用较为广泛,但精度及稳定性劣于直接及夹钳方式。

根据电磁感应原理,在一个交变电场周围空间存在交变磁场,在交变磁场内如有一导体穿过,就会在导体内部产生感应电动势。如果导体能够形成回路,导体内便有电流产生(图2-1),这一交变电流的大小与发射机内磁偶极子所产生的交变磁场(一次场)的强度、导体周围介质的电性、导体的电阻率、导体与一次场源的距离有关。一次场越强,导体电阻率越小,导体与一次场源间距越近,则导体中的电流就越大;反之越小。对一台具有某一功率的探测仪器来说,其一次场的强度是相对不变的,管线中产生的感应电流的大小主要取决于管线的导电性及场源(发射线圈)至管线的距离,其次取决于周围介质的阻抗和管线探测仪的工作频率。

根据发射线圈面与地面之间的状态,发射方式可分为水平发射和垂直发射两种。

①水平发射。发射机直立,发射线圈面与地面呈垂直状态进行水平发射。当发射线圈位于骨线正上方时,它与地下管线耦合最强,有极大值。管线被感应产生一系列圆柱状交变磁场(图2-2)。

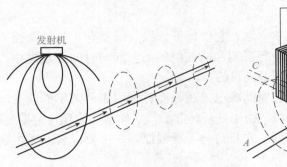

图 2-1 电磁法工作原理示意

图 2-2 水平发射示意

②垂直发射。发射机平卧(图 2-3),发射线圈面与地面呈水平状态进行垂直发射。当发射线圈位于管线正上方时,它与地下管线不耦合,即不激发。当发射线圈位于离管线正上方 h(埋深)距离时,它与地下管线耦合好,就会出现极值(图 2-4)。

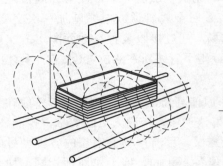

图 2-3 垂直发射示意

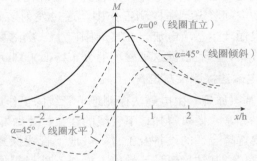

图 2-4 不同发射状态耦合系数 M 曲线示意

2)接收机。接收机由接收线圈及一套相应的电子线路和信号指示器组成(图 2-5)。其作用是在管线上方探测发射机施加到管线上的特定频率的电流信号——电磁异常。

地下管线探测仪接收机从结构上可分为单线圈结构、双线圈结构及多线圈组合结构(图 2-6)。

①单线圈结构又可分为单垂直线圈及单水平线圈。

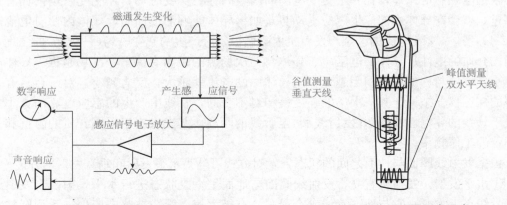

图 2-5 接收机测量原理框

图 2-6 接收机线圈组合示意

a. 单水平线圈接收机。该接收机线圈主要接收管线所产生的磁场水平分量(图 2-7)。当线圈截面与管线垂直并位于管线正上方时，仪器的响应信号最大，这不仅因为线圈距离管线近，线圈所在位置磁场强，还因为此时磁场方向与线圈平面垂直，通过线圈的磁通量最大(图 2-7 中 2)。当线圈位于管线正上方两侧时，仪器的响应信号会随着线圈远离管线而逐渐变小，这不仅因为距离管线远，线圈所在位置磁场变弱，还因为此时磁场方向与线圈平面不再垂直，使通过线圈的磁通量变小(图 2-7 中 1、3)。

b. 单垂直线圈接收机。该接收机线圈主要接收管线所产生的磁场垂直分量(图 2-8)。当线圈截面与管线平行并位于管线正上方时，仪器的响应信号最小，这主要是因为磁场方向与线圈平面平行，通过线圈的磁通量最小(图 2-8 中 2)。当线圈位于管线正上方两侧位置时，仪器的响应信号会随着远离管线而逐渐增大，这是因为随着线圈远离管线，磁场方向与线圈平面不再平行，而形成一定的角度，磁场垂直线圈平面的分量逐渐增大，从而使通过线圈的磁通量逐渐变大，同时，随线圈远离磁场强度逐渐变弱，当这一因素成为影响通过线圈磁通量的主要因素时，仪器的响应信号又会逐渐变小(图 2-8 中 1、3)。

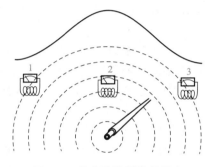

图 2-7　单水平线圈接收示意

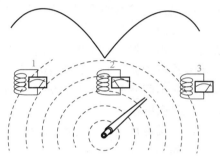

图 2-8　单垂直线圈接收示意

②双线圈结构接收机内有上、下两个互相平行的垂直线圈，在单根载流地下管线正上方，通过测定上、下两线圈的感应电动势 ε_1、ε_2(图 2-9)，再运用深度计算公式

$$h = \frac{\varepsilon_2}{\varepsilon_1 - \varepsilon_2} \cdot D \qquad (2-1)$$

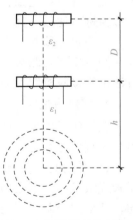

图 2-9　双线圈结构示意

完成计算，获得深度值。深度值通过显示器或表头指示出来。

③多线圈组合结构接收机是将两个水线圈和一个垂直线圈集成在一起并提供多种选择。

(2)地下管线探测仪应具备的性能。

1)对被探测的地下管线，能获得明显的异常信号；

2)有一定的抗干扰能力，能区分管线产生的信号和干扰信号；

3)满足地下管线探测精度要求，并对相邻管线有较强的分辨能力；

4)有足够高的发射功率(或磁矩)，能够满足探测深度的要求；

5)有多种发射频率可供选择，以满足不同探测条件的要求；

6)能观测多个异常参数；

7)性能稳定，重复性好(在相同或相近的环境条件下，采用相同的激发方式和频率重复探测某一点，产生的两次探测结果互差较小，能充分满足技术规范、规程和成果使用要求)；

8)结构坚固，密封良好，能在 $-10\ ^{\circ}\mathrm{C} \sim 45\ ^{\circ}\mathrm{C}$ 的气温条件下和潮湿的环境中正常工作；

9)仪器轻便，有良好的显示功能，操作简便。

（3）地下管线探测仪性能检查方法。

1)接收机自检。接收机具有自检功能。打开接收机，启动自检功能，若仪器通过自检，说明仪器电路无故障，功能正常。

2)最小、最大、最佳收发距检测。管线探测仪的最小、最大、最佳收发距是影响探测工作的效率和确保探测最佳效果实现的重要因素，每台管线探测仪的使用者必须对其有所了解，具体检测方法如下：

①最小收发距。在无地下管线及其他电磁干扰区域内，固定发射机位置，并将其功率调至最小工作状态，接收机沿发射机一定走向（由近至远）观测发射机一次场的影响范围，当接收机移至某一距离后开始不受发射场源影响时，该发射机与接收机之间的距离作为最小收发距。

②最大收发距。将发射机置于无干扰的已知单根管线上，并将功率调至最高，接收机沿管线走向向远处追踪管线异常，当管线异常减弱至无法分辨时，发射机与接收机之间的距离即最大收发距。

③最佳收发距。将发射机置于无干扰或干扰较小的已知单根管线上，接收机沿管线走向的不同距离进行剖面观测，以管线异常幅度最大、宽度最小的剖面至发射机之间的距离即最佳收发距，不同发射功率及不同工作频率的最佳收发距也不相同，需要分别进行测试。

3)重复性及精度检查。

①重复性，又可称为管线探测仪重复探测精度。在相同或相近的环境条件下，采用相同的激发方式和频率重复探测某一管线点，通过各次观测值互差大小及稳定性来判定该仪器的重复性性能。

②精度。在已知管线区对某条管线采用不同的方法进行定位、测深，将现场观测值与已知值进行比较，其差值越小，精度就越高，在未知区，可通过开挖确定探测精度。

4)稳定性检查。在无管线区将发射机分别置于不同的功率挡，固定频率，用接收机在同一测点反复观测每一功率挡的一次场变化，以确定信号的稳定性。改变频率，用同样的方法确定接收机置各频率的稳定性。

3. 探测方法

电磁法可细分为许多种方法。根据场源性质可分成主动源法和被动源法。主动源法又可分为直接法、夹钳法、感应法、示踪法和电磁波法（地质雷达法）。

（1）交流电法探测。交流电法探测是利用天然或人工场源产生的交变的电磁场对地下金属管线激发二次电磁场，通过检测分析二次电磁场的分布特点，探测待测物体的位置和走向。其根据场源的不同可分为主动源法和被动源法。

1)主动源法。主动源是指探测工作人员通过人工施加或设置的场源——发射机，向待探测的金属管线发射足够强的某一频率信号，该信号在空间形成交变的电磁场，地下金属管线受交变电磁场激发产生感应电流，而感应电流在金属管线周围又产生二次电磁场，通过地下管线探测仪接收二次电磁场信号，就可以探测地下金属管线。根据给待测金属管线施加某一频率信号的方式不同，又可分为直接法、夹钳法、感应法和地质雷达法等。

2)被动源法。被动源法是利用 50 Hz 工频信号及空间存在的电磁信号，对物体进行探测，并不需要人工建立场源。对地下金属管线探测来说这是一种比较简便的方法，它只需操作接收机便可接收到有用信号。被动源法只能对载流 50 Hz 电缆探测定位，对于其他金属管线不能精确定位，这是因为被动源极易受外界干扰，不稳定。根据信号来源不同，被动源法可以分为工频法和甚低频法两种。

（2）直流探测法。直流探测法就是用直流电源给待测的地下金属管线施加直流电，使直流电源与地下金属管线构成回路，这样地下金属管线上就有电流通过，在地下形成一个电流密度分布空间。对于具有良好导电性的金属管线来说，电流密度分布会产生异常，通过在地面上观测电流密度分布的特点，即可发现金属管线的位置。直流探测法利用金属管线与其周围介质存在导电性差异的特点判断出金属管线的位置。常用的直流探测法有充电法、电阻率法、自然场法3种。

（3）地下管线的平面定位方法。用地下管线探测仪定位时，可采用极大值法或极小值法。极大值法，即用管线探测仪两垂直线圈测定水平分量之差 ΔH_x 的极大值位置；当地下管线探测仪不能观测 ΔH_x 时，宜采用水平分量 H_x 极大值位置定位。极小值法，即采用水平线圈测定垂直分量 H_z 的极小值位置。上述两种方法宜综合应用，对比分析，确定管线平面位置。

1）极大值法。当接收机的接收线圈平面与地面呈垂直状态时，线圈在管线上方沿垂直管线方向平行移动，接收机表头会发生偏转，当线圈处于管线正上方时，接收机测得电磁场水平分量（H_x）或接收机上、下两垂直线圈水平分量之差（ΔH_x）最大，如图 2-10(a)、(b)所示。

2）极小值法。当接收机的接收线圈平面与地面呈平行状态时，线圈在管线上方沿垂直管线方向平行移动，接收机电表同样会发生偏转。当线圈位于管线正上方时，表头指针偏转最小（理想值为零），如图 2-10(c)所示，因此，可根据接收机中 H_z 最小读数点位来确定被探查的地下管线在地面的投影位置。H_z 易受来自地面或附近管线电磁场的干扰，故极小值法应与其他方法配合使用，当被探管线附近没有旁侧管线及主动源导线的干扰时，用此法定位还是比较准确的。

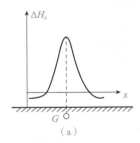 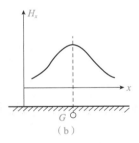 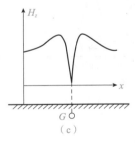

图 2-10 电磁法管线定位示意

(a)ΔH_x 极大值法；(b)H_x 极大值法；(c)极小值法

（4）地下管线的深度定位方法。用地下管线探测仪定深的方法较多，主要有特征点法（ΔH_x 百分比法，H_x 特征点法）、直读法及45°法，如图 2-11 所示，在探测过程中宜综合应用多种方法，同时针对不同情况先进行方法试验，选择合适的定深方法。

1）特征点法。利用垂直管线走向的剖面，测得管线异常曲线峰值两侧某一百分比值处两点之间的距离与管线埋深之间的关系来确定地下管线埋深的方法称为特征点法。不同型号的仪器、不同的地区，可选用不同的特征点法。

①ΔH_x 70%法。ΔH_x 百分比与管线埋深具有一定的对应关系，利用管线 ΔH_x 异常曲线上某一百分比处两点之间的距离与管线埋深之间的关系即可得出管线的埋深。有的仪器

由于电路处理的原因，其实测异常曲线与理论异常曲线有一定差别，可采用固定 ΔH_x 百分比法，如图 2-11(a)所示。

②H_x 特征点法。

80％法：管线 H_x 异常曲线在峰值两侧 80％极大值处两点之间的距离即管线的埋深，如图 2-11(b)所示。

50％法(半极值法)：管线 H_x 异常曲线在峰值 50％极大值处两点之间的距离，即管线埋深的 2 倍，如图 2-11(b)所示。

2)直读法。有些地下管线探测仪利用上、下两个线圈测量电磁场的梯度，而电磁场梯度与埋深有关，因此，可以在接收机中设置按钮，用指针表头或数字式表头直接读出地下管线的埋深。这种方法简便，但由于管线周围介质的电性不同，可能影响直读埋深的数据，因此，应在不同地段、不同已知管线上方，通过方法试验，确定定深修正系数，进行深度校正，定深时应保持接收天线垂直，以提高定深的精确度。

3)45°法。先用极小值法精确定位，然后将接收机线圈与地面呈 45°状态沿垂直管线方向移动，寻找"零值"点，该点与定位点之间的距离等于地下管线的中心埋深，如图 2-11(c)所示。使用此法定深时，接收机中必须具备能使接收线圈与地面呈 45°状态的扭动结构，若无此装置，则不宜采用此法。线圈与地面是否呈 45°状态及距离量测精度会直接影响埋深精度。

除上述定深方法外，还有许多其他方法。定深方法可根据仪器类型及方法试验结果确定。为保证定深精度，定深点的平面位置必须精确；在定深点前、后各 3～4 倍管线中心埋深范围内应是单一的直管线，中间不应有分支或弯曲，且相邻平行管线不要太近。

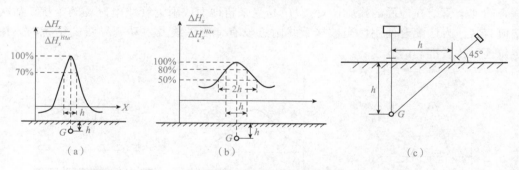

图 2-11　地下管线定深示意
(a)ΔH_x70％法；(b)80％、50％法；(c)45°法

2.3.3　电磁波法

非金属管线探测最常用的方法为电磁波法。在地面布置测线，利用探地雷达的发射天线发射电磁波，接收天线接收反射的电磁波，根据时程关系确定管线的位置和深度。采集的原始数据经过"一维滤波→静校正→增益→二维滤波→时深转换→图像显示"处理流程，得到地下管线的位置和深度。

1. 探测方法及原理

探地雷达是基于不同介质的电性差异，利用高频电磁波，探测介质分布和目标体的一种地球物理探测技术方法。当发射天线 T 以宽频带、短脉冲方式向地下发射电磁波时，遇到具有不同介电特性的介质时(如管线、空洞、分界面)，就会有部分电磁波能量反射(回波），接收天线接收到反射回波并记录反射时间，原理如图 2-12 所示。

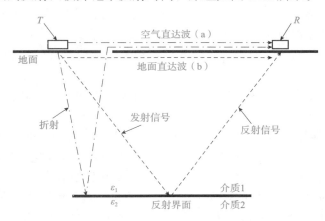

图 2-12　探地雷达工作原理

对于反射波，可以用下面的公式计算反射波往返行程时间：

$$t = \frac{\sqrt{4z^2 + x^2}}{v} \qquad (2\text{-}2)$$

式中　z——探测目标体埋深；

　　　x——发射、接收天线的距离（在线阵雷达公式中，z 一般比 x 大很多，故 x 可忽略）；

　　　v——电磁波在介质中的传播速度。

地下介质中的波速为已知时，可根据测得的精确值 t（ns），由式（2-2）求出反射体的埋深 z（m）。工作中同一剖面的 x 值是固定不变的，称为天线距。

探地雷达以数字化形式采样记录，图像以波形或灰阶表示。雷达探测是通过数据处理和图像识别来确定目标体的位置和埋深。从理论上讲，管线异常在雷达图像上反映为一条平滑的双曲线，可根据这一异常特征来判定管线的位置、埋深。

探地雷达的优越性表现在以下方面：

（1）它是一种非开挖、非破坏性物理勘探技术，使用范围广，效率高。

（2）采用微机控制与成图，图像清晰直观。

就地下管线探测而言，探地雷达也有其不足之处。它一方面受回填土的杂乱回波干扰较大，临近目标管线的非目标介质会对反射波产生干扰；另一方面受管线管径大小、探测场地的限制和干扰。

2. 探地雷达的使用方法

RD1000 是英国雷迪公司研发的一款便携式探地雷达，用户可以用它探测地下一定深度处的管线和异常目标体。与传统定位仪不同，RD1000 便携式探地雷达利用雷达技术（特别是在 UHF/VHF 频率）产生锥形可视图像，其主要优点是可以探测非金属管道，包括塑料管道等。RD1000便携式探地雷达实物如图 2-13 所示。

（1）基本操作。RD1000 便携式探地雷达的基本操作方法如下。

1）系统开启后首次出现的是系统设置界面，具有开始

图 2-13　RD1000 便携式
探地雷达实物

扫描、设置语言、测量单位、日期和时间等选项。

2）如果要开始扫描，按扫描（SCAN）键显示扫描界面。当屏幕右侧出现标尺时，推动小车。数据图像从右到左滚过屏幕。

3）回推小车，系统自动返回查看定位界面，在地面标记目标管线的准确位置，进入菜单预估深度。

4）再次推动小车至最初到达并标记的地点，系统会自动开始重新扫描一次；或者按清除键进行更新。

5）在任何时候都可以按下暂停键，这时即可使用图像设置键改变深度、颜色、增益等，以便使显示的图像清晰明了，然后按下扫描键（或再次按暂停键）继续扫描探测。

6）如果显示单元内已安装了闪存卡，则随时可按下照相机按钮保存当前的屏幕图像。探测完毕后，可将闪存卡内存储的图像传输至计算机进行重新绘图或打印。

（2）显示单元操作。如图 2-14 所示，显示单元有标记为"1"～"8"的 8 个按键，以及较大的暂停键和标记为照相机的屏幕图像保存键，另外还有两组分别用来提高和降低屏幕对比度和亮度的调节键。

按下显示单元上的任何按键均可以启动系统，两侧红灯将亮起，几秒钟后，就会出现开机界面和操作菜单。屏幕下方的操作菜单与面板上标记为"1"～"8"的 8 个按键一一对应，菜单上的选项表明对应按键的功能。

（3）系统设置界面。系统设置界面如图 2-15 所示，系统设置菜单图标见表 2-6。

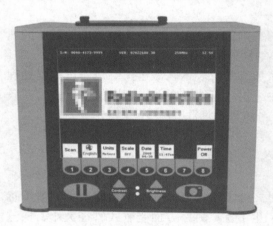

图 2-14　显示单元

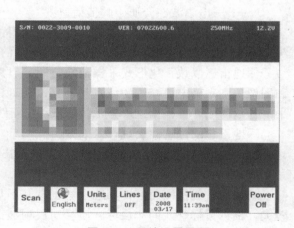

图 2-15　系统设置界面

表 2-6　系统设置菜单图标

扫描	

语言	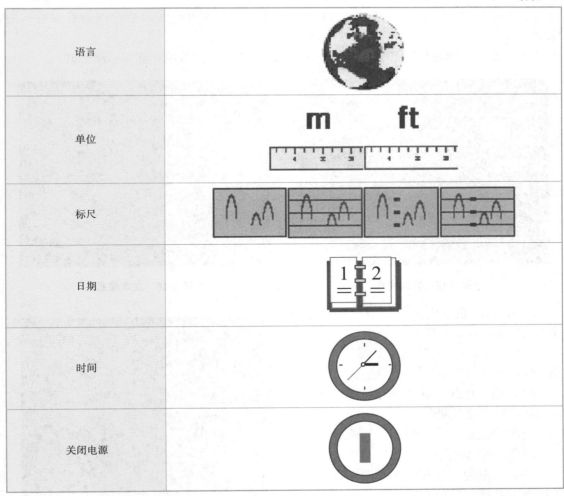
单位	
标尺	
日期	
时间	
关闭电源	

1)扫描。按扫描键开始扫描。

2)语言。选择菜单语言。默认选项为英语或图标显示。一般使用英语菜单。

3)单位。位置轴、深度轴和深度指示的单位可以是 m(米)或 ft(英尺),如图 2-16 所示。

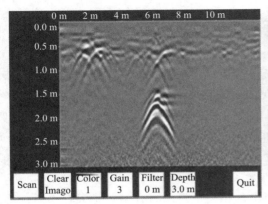
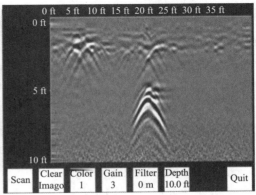

图 2-16　单位

4)标尺。标尺按键可以进行 4 种不同风格的标尺切换。

①风格 1：标线模式（图 2-17），在数据图像上显示深度标线以协助确定目标物体的深度。

②风格 2：文本模式（图 2-18），每 8 m 或 26 ft 在数据图像的中间显示深度值。

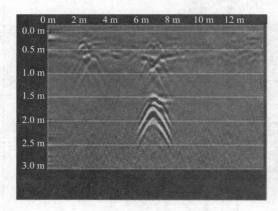

图 2-17　标线模式

图 2-18　文本模式

③风格 3：混合模式（图 2-19），在数据图像上同时显示深度标线和深度值。

④风格 4：关闭模式，在数据图像上既不显示深度标线，也不显示深度值。

5)日期。打开日期界面，可改变当前日期。图像将按此日期保存。

6)时间。打开时间界面，可改变当前时间。图像将按此时间保存。

7)关闭电源。打开一个子菜单，以确认关闭电源系统。另外，还有一个恢复系统的出厂默认设置的选项。

8)系统信息。在系统设置界面的顶部将

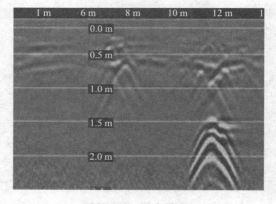

图 2-19　混合模式

显示探地雷达的序列号、软件版本号，以及探地雷达的传感器的频率（MHz）和当前的电池电压。

（4）屏幕扫描。按下扫描键后，等待几秒钟，在屏幕右侧出现一个垂直的深度标尺，此时向前推动小车。

地下剖面图从右向左显示在屏幕上。水平位置显示于横轴，而深度显示于纵轴。依据系统设置，水平位置和深度的单位可以是 m（米）或 ft（英尺）。

如果不是选择无标尺模式，则图像上将显示横向深度标线，以协助确定目标体的深度。

整个屏幕显示水平约 16 m（50 ft）宽的剖面图像，如图 2-20 所示。

按下显示单元上的照相机按键，可以保存当前的屏幕图像。图像记数值将出现在屏幕底部，按下任何按键以继续操作。

如果显示单元内安装了闪存卡，屏幕上将出现相关信息。只有安装了闪存卡后，屏幕上的地下剖面图才能被随时保存。

在扫描过程中，按"1"～"8"的任何数字按键，将在地下剖面图上当前位置增加一个编号标记，如图 2-21 所示。

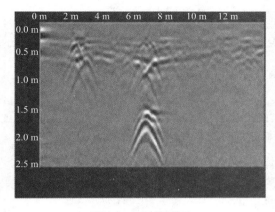

图 2-20　扫描界面

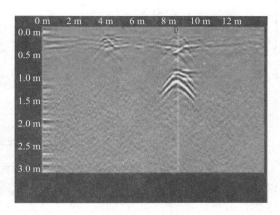

图 2-21　标记数字界面

按下暂停按键，打开图像设置界面，可以变当前色度、深度、过滤器和增益。停止并沿同样的路径向后拉动小车，会自动打开定位界面以确定目标体的位置和深度。

（5）定位界面。在扫描时停止或向后推动小车可以进入定位界面。光标位于图像上方，同时，在屏幕的底部出现菜单选项。

1）定位光标。光标包含 3 个部分（图 2-22）。

①位置指示。垂直标尺绑定到里程表，与探地雷达传感器中间位置对应。当拉动小车时，位置指示图标随着移动，在图像上显示当前小车的位置。

②深度指示。深度指示图标是一个开口向下的黄色拱形图标，黄色拱形峰值处的数值表示深度。使用拱形的向上和向下按键可以上下移动深度指示图标。

③拱形指示。在 GPR 图像上可以观察到典型管线响应的理论化显示图像，地下点状

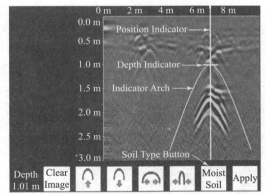

图 2-22　定位光标

异常体反映在雷达反射波剖面图上不是一个点，而是一个开口向下的拱形，拱形的开口宽度与土壤类型即土壤的电磁波传播速度紧密相关。雷达反射波剖面图实质上是一个电磁波旅行时间图，在实际操作中，应该首先使黄色拱形图标的开口宽度与雷达反射波剖面图中的拱形反射图像一致，当两者一致时，计算深度所用的速度值才会与实际值一致。使用拱形按键可以改变土壤类型。增加土壤类型使拱形变宽，减少土壤类型使拱形变窄。

2）土壤类型。为了在探地雷达图像上获取目标物体准确的深度值，必须进行土壤类型校准。

①匹配目标物体拱形。在探地雷达图像上，目标物体（如管道、电缆、埋地物体、树木根系和岩石）将产生拱形的响应。图像上产生拱形，是因为探地雷达信号并不是像光线一样直线射入地下，探地雷达的发射信号更像一个 3D 锥形。即使物体并非位于探地雷达传感器的正下方，在记录里也会出现反射。因此，探地雷达传感器在"看到"管线之前和之后，会

39

在图像上形成一个拱形响应，如图 2-23 所示。

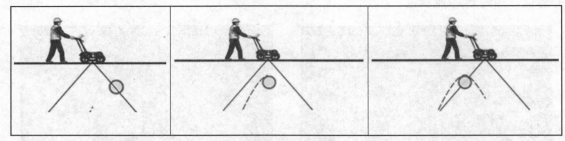

图 2-23　与目标管线匹配

以 90°追踪长而直类似管道或电缆的目标体，可以为土壤类型校准产生一个合适的拱形。测线应该与待测目标管线垂直，只有这样，通过对其反射拱形进行匹配后才能得到目标体的真实深度，如果进行土壤类型的校准的目标拱形是由非垂直侧线获得，那么目标体的深度估计将产生错误。目标体深度估计示意如图 2-24 所示。

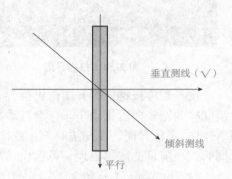

图 2-24　目标体深度估计示意

使用目标拱形确定土壤类型的操作步骤如下：

a. 当图像上出现目标体可见拱形时，向后推动小车直到位置指示图标位于探地雷达图像目标体拱形中心；最好有长的拖尾，因为目标体拱形延伸尺寸越大，匹配就越准确，越能提供最准确的土壤类型校准。位置指示图标界面如图 2-25 所示。

b. 在探地雷达图像上分别使用向上和向下箭头移动位置指示图标，直到它的顶点位置与目标体拱形的顶点位置重合，如图 2-26 所示。

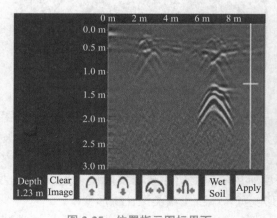

图 2-25　位置指示图标界面

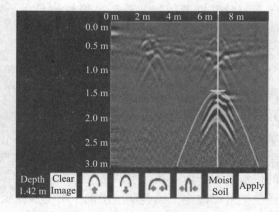

图 2-26　位置指示图标示例一

c. 按土壤类型按键切换 5 个不同的土壤类型，找到一个大致适合目标体拱形的形状，如图 2-27 所示。

d. 使用宽和窄的拱形按键改变位置指示图标的形状，使其与探地雷达图像上的目标体拱形匹配。目标体的深度显示在左下角，如图 2-28 所示。

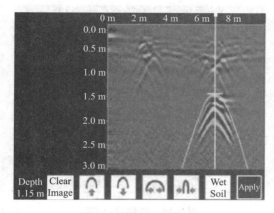

图 2-27 位置指示图标示例二

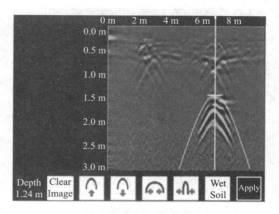

图 2-28 位置指示图标示例三

e. 按 Apply 键刷新土壤类型，深度轴也同时被刷新。从现在开始，就可以用深度轴来量测目标体的真实深度。

②使用已知深度的目标体。如果探地雷达图像上没有出现与目标体拱形匹配的合适拱形，那么可以先在扫描区域内寻找深度值已知的目标体，从而确定土壤类型。

使用已知深度目标体拱形确定土壤类型的方法如下：

a. 对于探地雷达图像上可见的目标体响应，使用向上和向下箭头移动深度指示图标（拱形指示图标），直到它位于已知目标体响应的上方。

b. 使用宽和窄的拱形按键来改变位置指示图标的形状，直到以红色显示的深度值与目标体的实际深度值一致。

c. 按保存键保存土壤类型值。

③土壤湿度。如果没有一个好的目标体拱形，或已知深度的目标体，操作者将不得不估计土壤类型。土壤类型受水的影响非常大，因此，土壤类型与土壤的含水率有密切关系。

按土壤湿度按键改变土壤类型，直到选择该区域的最佳土壤描述选项。土壤类型有如下选项。

a. 非常干燥；

b. 干燥；

c. 潮湿；

e. 湿；

d. 很湿。

3）识别空气波反射。探地雷达图像中的一些拱形可能由一些地下物体所产生，如邮箱、栅栏、架空电线，甚至树木。另外，还有一些拱形是地下空气腔体的空气波反射形成的。

识别空气反射的一个方法是使用上述的目标体拱形方法，但是地面以上物体产生的拱形比地面上物体更宽而且超出最高土壤类型。因此，如果最宽的位置指示图标仍不足以与目标体拱形匹配，那么目标体拱形来自空气而不是地面，如图 2-29 所示。

（6）图像设置界面。在扫描界面或定位界面中，按下暂停键（‖）将进入图像设置界面。屏幕下方出现菜单选项，如图 2-30 所示。

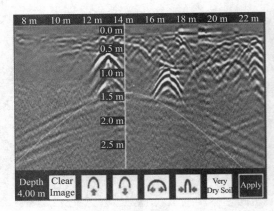

图 2-29　空气波反射

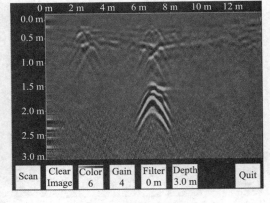

图 2-30　扫描屏幕界面

1)扫描。要退出图像设置界面并恢复图像扫描模式时，再次按下扫描键或暂停键(‖)即可恢复到图像扫描模式。

如果在图像设置界面暂停时，小车已经移动超过数厘米，则重新扫描时，一个被称为位置破坏的差值将会出现在探地雷达图像上。位置破坏还可通过屏幕底部和沿位置轴线上方的数据图像重置为零显示出来。

2)清除图像。在屏幕上删除当前数据图像。

3)颜色。根据预先设置的调色板，探地雷达把不同强度的反射波以不同色彩显示出来。一般来说，强大的探地雷达信号用强烈的色彩显示。可以选择各种不同的调色板来显示图像，使用适当的调色板可以使目标体显示更加清晰，如图 2-31 所示。

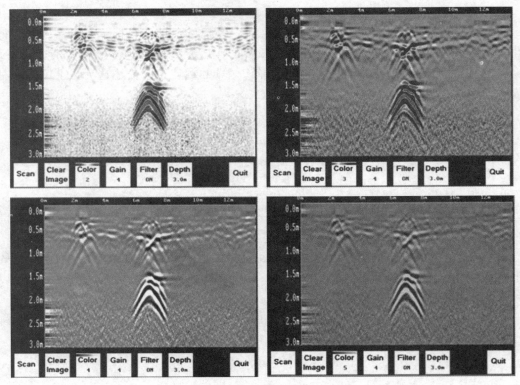

图 2-31　色彩调节

4)增益。由于扫描物体对探地雷达信号有吸收作用，所以深层的目标体信号较弱。调节增益就像调节收音机的音量旋钮一样，大的增益可以使更深的目标体在图像上看起来信号更强一些。增益可在"1"～"9"之间调节，"1"为没有增益，"9"为最大增益，如图 2-32 所示。

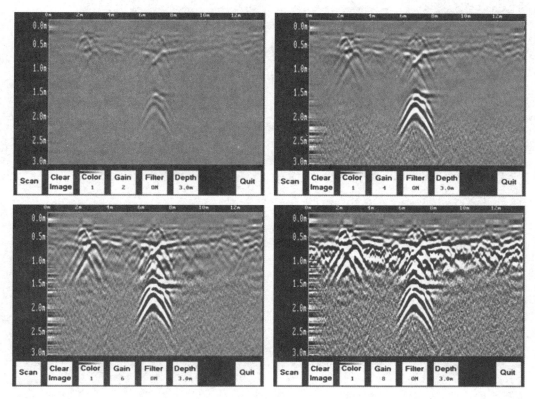

图 2-32　增益调节

如果增益发生变化，则系统仅对屏幕上的图像根据新的增益大小进行刷新显示，就没有必要在不同的增益设置下重新收集图像。在实际操作中，应尽量避免过大的增益，因为过大的增益可能导致读图困难。通常使用能够清晰显示目标体的最小增益设置。

5)滤波器。滤波器具有去除图像水平反射，增强由目标体引起的挖掘反射和拱形的功能，滤波器也可以过滤掉较强的其他信号，使浅层目标体在图像上更清晰地显示出来，更便于浅层目标体识别。

滤波器默认设置为打开状态，因此，如果正在寻找层状或其他水平目标物体，应首先把滤波器关闭。

图 2-33 所示是滤波器关闭和打开时，进行同样扫描后所显示的不同的图像。

6)深度。深度设置范围为 1～8 m，显示效果如图 2-34 所示。该系统可以收集最大深度达 8 m 的数据，但屏幕上可以显示多少数据由菜单中的深度设置决定。可以先用一个深度设置扫描，如 2 m，扫描一段后暂停扫描，然后增加深度，重新显示图像以寻找更深的目标体。

7)退出。退出扫描和图像设置界面，返回系统设置界面。

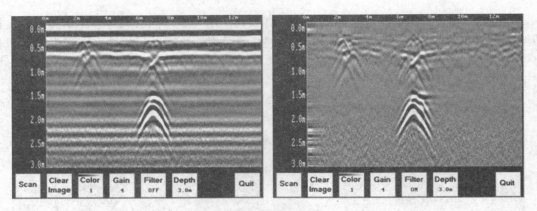

图 2-33　滤波器调节

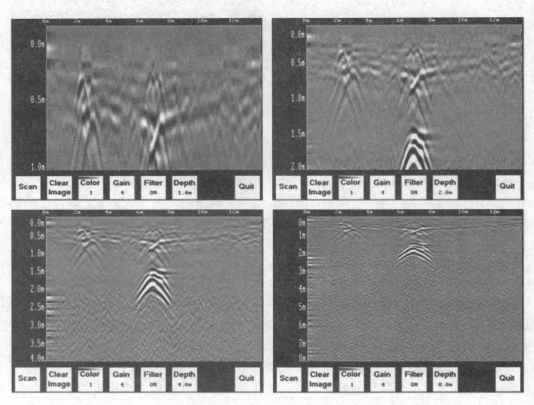

图 2-34　读取深度值

（7）地下管线探测方法及注意事项。使用探地雷达探测地下管线最常见的方法是相交和标记。此种方法适合在条件良好的土壤和规整的土地中使用。相交和标记方法与当前传统的地下管线探测仪追踪管线的方法类似。探地雷达小车沿着与预测管线走向垂直的方向移动测量（图 2-35）。当

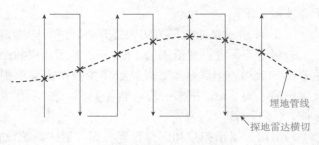

埋地管线

探地雷达横切

图 2-35　相交和标记探测

探地雷达传感器经过管线上方时，图像上会显示一个拱形。拱形顶部是管线的位置。拱形顶部的深度就是预估的管线埋深。

来回移动探地雷达小车，观察到拱形后在地面做标记，地下管线的走向可以通过地面所做标记追踪出来。

例如，一个道路下的雨水管道路径如图 2-35 所示，测量数据形成图 2-36 所示的 3 张图像。从每次扫描中可见目标体拱形，从而清楚地分析出管线路径。

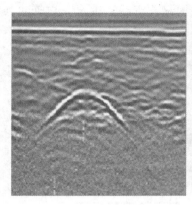 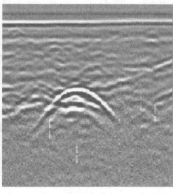 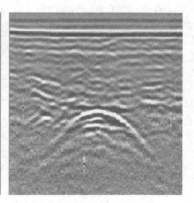

图 2-36　雨水管道探测扫描图像

需注意的是，管道变深，目标体拱形的信号强度就变弱。这是因为土壤对探地雷达信号有衰减影响，并且衰减程度随传播距离的增加而加大，最终探地雷达信号将完全被吸收。探地雷达传感器只能探测到背景无线电噪声，噪声在图像中是一个模糊的信号。另外，探地雷达的无线电信号被地表土壤吸收，大大限制了探测深度。探地雷达的效果因地点的不同而有所变化。探地雷达还受土壤类型、密度、含水率，以及其他各类埋地物体因素的影响。因此，要通过探地雷达探测地下深处可能存在的目标体，离不开干扰较少的探测环境和高灵敏度的探测系统。

2.3.4　其他物探方法

1. 声波法探测技术

基于声波法探测原理的非金属管线测位器主要是为探测非金属管线而设计的，可有效探测塑料管、水泥管或带有绝缘连接头的金属管等管线。

目前此类探测仪器有国产的和进口的，例如西安捷通智创公司的 GPPL 管道声波定位系统、美国杰恩公司 APL 地下管道声波探测仪、日本富士公司的 NPL 非金属管线探测仪等。日本非金属管线测位器的最新型号为 NPL—100 型。它主要由震荡器（发射机）、振动器、接收机、探头、耳机等部分构成。其基本工作原理是：发射机发出一定频率的声波信号，该信号由与管线相连接的振动器传输到管道上并沿埋于地下的压力水管内部向远端传递，同时该声波信号也能传至地面。NPL-100 的探头在地面上捕捉该声波信号并通过接收机将信号放大后输出到显示仪表和耳机，从而确定管线位置，如图 2-37、图 2-38 所示。

富士电机公司对该型号的非金属管线测位器做了多处技术改进，使仪器的性能得到了较大的提高。

（1）配备了多种管件配适器，使 NPL-100 可以很方便地与水表、消火栓、小管径水管、阀门等管件连接。

（2）增加了频率自动调谐功能。接收机可以根据接收到的信号质量，通过无线方式自动控制发射机调整发射频率，使其与管线的共振频率相同，以达到最佳探测效果。

（3）加配了可选附件——锤击频率调节器，使仪器定位分支管线的性能大大提高。

（4）增加了振动声波的发送方式。使用者可在连续声波发送方式和间歇式声波发送方式之间自主选择，使听到的声音更清晰，长时间工作也不会产生听力疲劳。

众多实例表明该仪器具有良好的探测效果，在探测小区内绿化管线、供水入户管线和消防管线方面发挥了良好的作用。

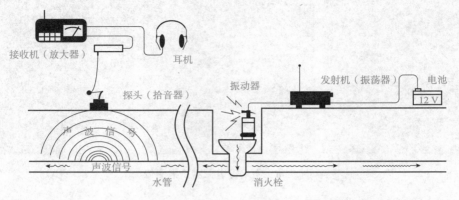

图 2-37　NPL-100 工作原理

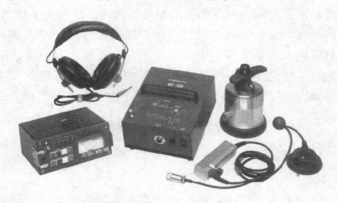

图 2-38　NPL-100 实物

2. 非金属管道示踪线探测技术

（1）示踪线的选择和铺设。为保证示踪线的导电性、强度、耐腐蚀和耐久性，一般宜选择截面面积大于 2.5 mm² 的多股（或单股）铜质电线。铺设时尽量让示踪线保持在管道的顶部位置，在三通等分支处应将导线接头的绝缘层剥掉，把铜芯绞在一起数圈，然后用绝缘胶布裹好接头，以保持良好的导电性。在示踪线的出露点（如窨井、出地点）应留有一定的线头余量，并避免导线头被泥土或杂物覆盖。为减小无法出地的示踪线末端的接地电阻，需采取剥掉绝缘层裸露芯线 30 cm 的良好接地措施。对于采取定向钻方式铺设的 PE 管道，应选用强度更大的导线，以避免导线在施工中被拉断，导致无法探测定位。

（2）示踪线探测方法原理。目前，探测 PE 管道示踪线虽然有各种不同型号的仪器（地下管线探测仪），但从探测方法原理上分析，其原理都是建立在电磁场理论基础上的，即在通电导体有电流存在的情况下，导体周围会形成一个以导体为中心的电磁场（按一条无限长的导线通电流后产生的电磁场强度计算），其电磁场强度和分布规律符合下面的公式：

$$B = \mu_0 I / (2\pi r)$$ (2-3)

式中　B——磁场感应强度（T）；

　　　μ_0——导体材料真空磁导率（N/A²）；

　　　I——流经导体的电流强度（A）；

　　　r——远离电磁场中心的距离（m）。

探测 PE 管道示踪线的原理是给示踪线加上一定强度的电流信号，通过探测示踪线电流产生的电磁场中心位置来确定示踪线的空间位置，从而达到确定埋在地下 PE 管道位置的目的。在实际工作中，给 PE 管道示踪线施加电信号的方法有以下两种。

1）直接把探测电流信号施加在示踪线上，称为主动源法，如图 2-39 所示。其原理是信号电流在示踪线上产生一个电磁场（称为一次感应电磁场），通过探测一次感应电磁场的中心位置来确定示踪线的位置和埋深。主动源法的优点是信号强、干扰少，探测结果比较准确；缺点是探测时需要示踪线有裸露点以便施加信号。

2）发射一个交流信号电磁场，在示踪线上产生感应电流。感应电流再以示踪线为中心形成另一个电磁场（称为二次感应电磁场）。通过探测二次感应电磁场的中心位置，确定示踪线的空间位置，这称为被动源法，如图 2-40 所示。这种方法是把信号发射机放在被测埋地示踪线（或金属管道）附近的地面上，发射机发出一个电磁场信号，电磁场在示踪线上即产生感应电流。这种方法操作简单，不需要有示踪线裸露点；缺点是感应信号弱、干扰多，示踪线附近有金属水管或电力线时探测结果不准确。

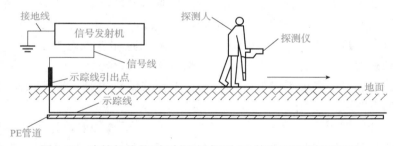

图 2-39　直接加信号（主动源法）探测 PE 管道示踪线接线示意

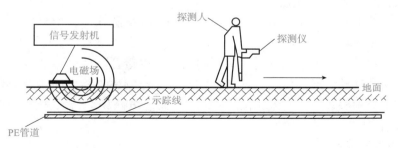

图 2-40　电磁感应信号（被动源法）探测 PE 管道示踪线感应信号源示意

（3）探测误差影响因素分析。从上面的理论计算公式分析可以看出，示踪线产生磁场强度大小，与示踪线材料有关，与流经示踪线的信号电流强度成正比，与探测点到示踪线中心位置的距离成反比。当选用的示踪线材料确定之后，影响探测信号强度的因素就是信号电流大小和探测点到示踪线的距离。当选用的探测方法确定之后，示踪线和大地之间构成回路，回路电阻越大信号越弱，反之信号越强。回路电阻大小和示踪线的施工方法密切相关，同一条示踪线施工方法不同时，回路电阻有很大的差别，因此，示踪线的施工方法会直接影响探测结果的准确度。另外，探测示踪线时选用的探测方法不同（主动源法和被动源法），对探测结果的准确度也会有不同的影响。

1）示踪线埋设方法影响。在探测示踪线实际工作中发现，有几种埋设示踪线方法影响探测结果的准确度。

①当主管道较长而分支管道较短（小于10 m的支管）时，分支管道示踪线末端没有采取良好接地措施，而是直接把示踪线剪断掩埋（没去掉一段绝缘层使芯线裸露），这样将使分支管道示踪线和大地之间的回路电阻过大，远大于主管道示踪线的回路电阻，因此，探测支管道示踪线时信号就非常弱，往往探测不到信号。

②示踪线的加信号端接地良好（如示踪线焊接在阀门、入户管上等），而末端没有采取良好的接地措施，接地电阻很大（如管道盲端），这样施加探测信号时，绝大部分信号电流没经过示踪线就直接流向大地，造成探测距离短、管道的末端无法探测。

③示踪线虽然完整，但没有预留出裸露点（用于直接加信号端点），只能够使用被动源法探测，这样被测PE管道附近有水管或其他金属管线时，就不能够把探测信号感应到示踪线上，导致无法实施探测。

2）探测方法影响。一般情况下，采用直连法探测可获得比较好的探测效果，但是当工作频率较高（大于65 kHz）且示踪线的末端接地不好时，发射机的电磁信号极易感应到邻近的其他金属管道，造成非目标管道的电磁场信号大于示踪线的信号，导致错误的探测结果。在示踪线周围有其他金属管道存在又选用感应法探测示踪线时，非目标金属管道的位置不同，将对探测结果产生不同的影响。常见的几种情况如下：

①其他管道与示踪线平行埋设。假设两条管道的间距和埋深均为1 m，而非目标管道的截面面积大且裸露埋地，其接地电阻要比示踪线小很多，因此，它上面的感应电流要比示踪线上的大很多。它的二次感应电磁场会掩盖示踪线的电磁场，导致探测时找不到示踪线的电磁场峰值点。

②其他金属管道埋深比示踪线小。由于非目标管道距离发射机近，自然感应电流大，产生的二次感应电磁场比示踪线强很多，基本掩盖了示踪线的二次感应电磁场信号，导致无法探测到示踪线的异常峰值点。

③示踪线的正上方有金属管道。它对示踪线会起到屏蔽作用，使发射机信号不能够感应到示踪线，导致无法正常探测。

对于①②两种情况，若改用直连法探测则大多可以避开其他管道的干扰，获得准确的探测结果。对于③这种情况，使用直连法探测时，工作频率不能太高，否则易在其上方的金属管道中产生与示踪线供电电流相位反向的二次感应电磁场，当该电流达到一定强度时，可能导致接收信号的峰值曲线畸变。

（4）需要注意的其他问题。

1）示踪线材料的选择。从探测理论上分析，示踪线只要能够导电即可，但在实际工程中选择示踪线时要考虑到需要有一定的抗拉强度，因为强度低时在管道回填土或地面有下沉过程中示踪线往往容易被拉断而失去示踪作用。通过几年来的工程实践发现截面面积为

1.5～2.5 mm^2 的多股铜芯塑料绝缘层导线比较好(单芯线也可以),探测信号比较强,施工方便,在工程中也比较少出现扯断现象。虽然通过电流强度能够达到 300 mA 就能满足探测需要,但实践经验证明截面面积太小的示踪线因易拉断而不宜选用;有些带有警示标志的塑料薄膜示踪带也不能使用,因为这种示踪带有些夹带非常细小的导线(有些是导电涂料层),在施工中这种示踪带遇到衔接位置时,很难把两端连接在一起形成电导通,这会使整个管网的示踪带无法构成一个完整的导电网络。即使没有连接点时这种示踪带末端接地电阻也非常大,用主动源法探测时信号也比较弱,用被动源法一般情况下不能够探测,故不能应用。

2)示踪线施工方面。

①为了使探测示踪线信号强且分布均匀,施工时示踪线末端应尽量减小接地电阻,埋地端头采取比较良好的接地措施,特别是较短的分支末端一定要接地良好(建议去掉绝缘层,裸露芯线 30 cm 以上),否则分支上信号将非常弱而探测不到。

②示踪线连接点一定要连接牢固,并用绝缘胶布包好,以免渗水后造成腐蚀断线,使探测信号中断。

③示踪线埋设时应紧贴 PE 管道呈直线状,并以位于管道的正上方为宜;计算深度时可以管外顶埋设计而不必修正。不要螺旋缠绕在 PE 管道上埋设,使以后探测管道位置不准确。

④在阀门井处示踪线应该预留出一定长度的留头(要 1 m 以上),以备今后探测施加信号。埋地管道长度超过 1 km 时,若中间没有阀门井等设施供接检测信号所用,建议每千米设一个测试桩并预留示踪线留头供检测使用。管道的钢塑转换接头处示踪线可以焊接在法兰上,在焊接点处做好防腐处理,防止时间久后腐蚀断线。

⑤在非开挖工程施工中,PE 管道外面的示踪线在拖管过程中容易被扯断,可在 PE 管道内部另穿一条示踪线,其探测效果同外面的示踪线一样;但内部的示踪线应根据 PE 管道的具体情况采用合理的方法引出以与外面的示踪线连接。

⑥在特殊情况下,PE 管道不能够应用示踪线时,可以用预埋信息球的方法(也称示踪球)弥补,用于今后探测。方法是埋 PE 管道时把信息球放在管道上同时埋下,探测时不用加信号,其信号长期有效。

3)探测方面。

①探测 PE 管道示踪线最好采用直接施加信号法(主动源法),这样信号强、干扰少,探测结果比较准确可靠。

②市区内的 PE 管道示踪线不宜选用电磁感应信号法(被动源法)探测。城市区域内的管线密集,而示踪线相对细小,其接地回路电阻一般情况下比其他管线大很多,因此,其产生的感应电流信号往往要比非目标管线弱很多,示踪线信号容易被掩盖而造成误测。

③在探测短分支管道示踪线时,施加信号点宜选择分支示踪线的末端(或出地端),这样分支示踪线上的信号强,不会漏测分支点。

④用直连法探测示踪线时,尽量选择较低的工作频率,发射机的接地线也尽量不要跨接其他管线,以减少信号感应或串扰到其他管线。

⑤感应法的工作频率不宜过高或过低,一般选择 33～100 kHz,发射功率控制为50％～75％。

⑥探测时应根据实际情况，改变供电点位置后再重复探测，检查两次探测结果的吻合情况，以提高探测的准确性和精度。

⑦对于定向钻方式铺设的 PE 管道，由于示踪线的埋深较大（可能大于 10 m），除选择较低的工作频率以减少电磁场感应到其他管线上，还应尽量设法改善接地条件，增大示踪线上的供电电流，提高信噪比，这样可获得较好的探测效果。

3. 惯性陀螺定位技术

（1）工作原理。一个旋转物体的旋转轴所指的方向在不受外力影响时是不会改变的。人们根据这个原理，制造出来的传感器称为陀螺仪（Gyroscope）。陀螺仪在工作时需要一个力使它快速旋转起来，一般能达到每分钟几十万转，可以工作很长时间。陀螺仪用多种方法读取轴所指示的方向，并自动将数据信号传给控制系统，如图 2-41 所示。

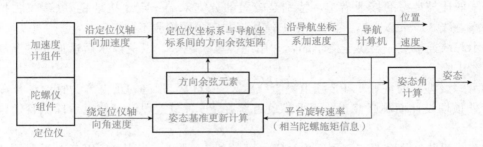

图 2-41　陀螺仪定位原理

陀螺仪和加速度计分别测量定位仪的相对惯性空间的 3 个转角速度和 3 个线加速度沿定位仪坐标系的分量，经过坐标变换，把加速度信息转化为沿导航坐标系的加速度，并计算出定位仪的位置、速度、航向和水平姿态。如将北向加速度计和东向加速度计测得的运动加速度 a_N、a_E 进行一次积分，与北、东向初始速度 V_{N0}、V_{E0} 得到定位仪的速度分量，即

$$V_N = \int a_N dt + V_{N0} \tag{2-4}$$

$$V_E = \int a_E dt + V_{E0} \tag{2-5}$$

将速度 V_N 和 V_E 进行变换并再次积分得到定位仪的位置变化量，与初始经纬坐标相加，即得到定位仪的地理位置经纬坐标。

（2）仪器构件。惯性陀螺定位仪由硬件与软件两大部分构成。

1）硬件构成。惯性陀螺定位仪实物如图 2-42 所示。惯性陀螺定位仪硬件主要由两部分组成，即惯性测量单元与里程仪。

①惯性测量单元（Inertial Measurement Unit，IMU）：是用来测量所组合载体的 3 个轴向上的姿态角（或姿态角速率）和加速度信息的组合测量装置。惯性测量单元通常包含 3 个相互正交摆放的加速度计和 3 个正交垂直的单轴陀螺仪。加速度计用来测量载体 3 个轴向上的加速度，陀螺仪用来测量载体在机体坐标系下的 3 个轴向上的角速度信息。惯性测量单元可以实现对其载体的三维空间中的角速度和加速度的测量，并以一定的调理信号向外输出。惯性测量单元实物如图 2-43 所示。

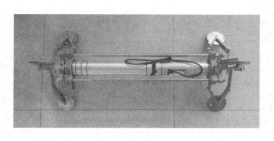

图 2-42　惯性陀螺定位仪实物　　　　　　　图 2-43　惯性测量单元实物

②里程仪：主要由里程轮和里程脉冲采集系统组成。里程轮固定在载体上，并且随着载体相对于直接接触面的运动而滚动。在不考虑打滑的情况下，里程轮所滚动的距离和里程轮前进方向、载体运动的距离一致。随着里程轮的滚动，和里程轮同轴的传感器可以对里程的转动进行处理，一般情况下，是对里程轮滚动所产生的脉冲信号进行采样。当里程轮转过固定角度时，就会发出一个脉冲信号，通过记录脉冲数，结合里程仪刻度因子，就可以计算出载体的实际行驶距离。里程仪实物如图 2-44 所示。

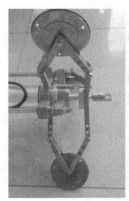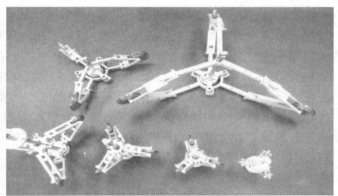

图 2-44　里程仪实物

2）软件构成。惯性陀螺定位仪配套软件包括控制—通信、计算、显示和数据管理四个功能模块。

①控制—通信模块用于实时采集各传感器数据并对各硬件模块进行控制。

②计算模块负责用获得的数据计算出当前的管道位置信息。计算时充分考虑不同环境下各传感器数据的有效程度，对其进行数据融合，确保系统的测量精度和抗干扰能力。

③显示模块包括数据显示和图形显示两种方式。数据显示部分包括传感器姿态、里程和通信状态等必要信息。图形显示分为平面和三维两种显示方式，其中三维显示方式能直观形象地反映管道形状，支持用键盘进行视角旋转；平面显示方式包括主视图、俯视图和侧视图 3 种角度。在平面视图中，操作人员可以用鼠标方便地捕捉各个测量点的三维坐标。3 种平面视图和立体视图之间可以自由切换。

④数据管理模块包括数据的打开、存储和实测数据与标准数据的对比功能。特定的数据存储格式确保各种有用信息都得以保留，便于存档和后续研究。

惯性陀螺仪定位技术数据处理流程如图 2-45 所示。

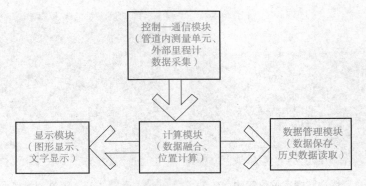

图 2-45　惯性陀螺仪定位技术数据处理流程

（3）惯性陀螺定位仪的技术特点。由上述原理可知，惯性陀螺定位仪作为新的地下管线定位方法（工具），具有以下技术特点。

1）仪器必须置于管道内部。

2）定位精度高且数据连续。

3）测量不受地形限制，不受深度限制，不受电磁干扰。

4）适用于任何材质的地下管道。

5）自动生成三维空间曲线图，并与 GIS 无缝兼容。

6）惯性陀螺定位仪可作为管线定位仪、探地雷达、CCTV 摄像系统等检测方法的有力补充手段，对精确定位大埋深地下管线有重要作用。

（4）惯性陀螺定位仪的应用范围。运用惯性陀螺定位仪探测管线时必须具备以下条件：该工法为管内探测法，需满足该设备在管道内部行进操作的条件。例如，煤气管、油管、水管等密闭运行的管道，必须在单管敷设完成后、分段敷设的管道连接前实施探测；在电力、通信等群管敷设具有空管情况下或竣工完成时，均可实施探测。

（5）惯性陀螺定位仪操作流程。

1）用全站仪测出管口位置坐标。

2）接通仪器内置电源并在待测管道内穿行一趟，完成测量工作。

3）使用专用软件将仪器内的数据读取出来。

（6）管道探测过程与结果。惯性陀螺定位仪内搭载惯导里程组合导航元器件，会随时将设备在地下管道内部的运行数据传输给内部处理模块，解算出设备的空间运行轨迹。最后通过系统管理软件输出管道测量数据和报告。惯性陀螺定位仪管道探测过程示意如图 2-46 所示，探测结果示意如图 2-47 所示。

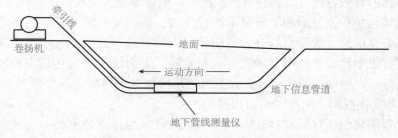

图 2-46　惯性陀螺定位仪管道探测过程示意

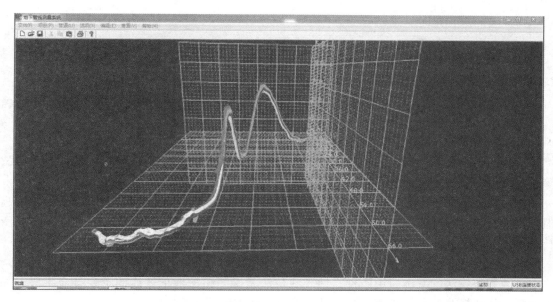

图 2-47　惯性陀螺定位仪管道探测结果示意

　　惯性陀螺定位技术作为一种高精度、强抗干扰的探测技术，伴随着非开挖施工技术的发展，其应用将会越来越广泛。特别是自来水、煤气、油管线及长远距离的大型穿越工程，均可利用该技术进行新敷设管线的竣工测量、工程验收，以及老管线的修复、定位。毋庸置疑，该技术在以后的管线运营管理和维护中将会起到十分重要的作用。

　　4. 地震法探测技术

　　（1）地震映像法的工作原理。地震映像法又称为地震共偏移距法，是以地层的物性差异为基础，用相同的小偏移距逐步移动测点接收地震信号，基于反射波法中的最佳偏移距技术发展起来的一种浅地层勘探方法。地震映像法中的每个记录都采用相同的偏移距，且在该偏移距接收的反射波应具有良好的信噪比和分辨率。地震映像法工作模式及简化波形如图 2-48 所示，数学模型如图 2-49 所示。

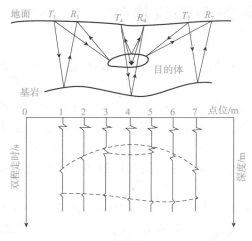

图 2-48　地震映像法工作模式及简化波形

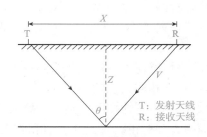

图 2-49　地震映像法数学模型

53

弹性波的双程走时见式(2-6)。

$$t = \frac{\sqrt{4Z^2 + x^2}}{V} \qquad (2\text{-}6)$$

式中　t——弹性波的双程走时(ms);

　　　Z——反射点距离地面的埋深(m);

　　　x——地震仪的收发距(m);

　　　V——介质中弹性波的波速(m/ms)。

波形的正、负峰分别以黑、白色表示，或者以灰阶或彩色表示，这样同相轴或等灰线、等色线即可形象地表征地下反射面或异常体。

地震映像法的工作原理同探地雷达相同，探地雷达利用高频电磁波，其特点是衰减快，但分辨率高；地震映像法利用弹性波，其特点是穿透力强，但分辨率低。两种方法各有所长，可互为补充。

(2)地震映像法的应用条件与技术优势。

1)地震映像法的基本应用条件。地震映像法是探测超深地下管线的重要补充手段，采用地震映像法探测的目标管道需要满足以下两个基本条件。

①管顶埋深>3 m，埋深太浅，其反射波容易被直达波和面波所覆盖，导致无法分辨反射波形态。

②管径>1 m，原则上管径越大，越容易从地震波中识别出来，因为地震波波长相对较大，太小的目标体无法形成完整的曲线异常，容易造成遗漏。

2)地震映像法探测地下管线的技术优势。

①相比高频电磁法(探地雷达)的优势：地震波的反射性能受介质的电性能影响较小，其穿透能力与土壤的含水率大小也关系不大，故该方法在地面、水面均可适用。

②相比低频电磁法(地下管线探测仪)的优势：地震映像法可以探测深埋在地下的非金属管道，同时可以"忽略"浅部管线干扰；低频电磁法对非金属管道无能为力，且易受地表其他管线干扰，地震映像法正好弥补了这一缺陷。

2.4　地下管线探测仪操作

不同的物探方法都有与其相适应的专用仪器，它们一般都是根据电磁感应原理设计制造的。专用地下管线探测仪应满足以下技术要求。

(1)适应性好的专用地下管线探测仪应有功能多、工作频率合适、平面定位精度高、确定地下管线埋深的精度高、探测深度和测距大、能在恶劣环境下工作和显示性能良好等特点。

(2)非磁性感应类专用地下管线探测仪(如探地雷达、浅层地震仪、磁力仪、红外热辐射仪等)应符合相应物探技术标准的要求。

(3)新的地下管线探测仪经过大修或长期停用后，在投入正式探测前必须按说明书的要求做全面检查和校正。每天开工前和收工时应检查仪器的电池电压，不符合要求时应及时进行更换。

(4)在仪器的使用、运输和保管过程中，应注意防水、防潮、防暴晒、防剧烈振动。

下面以 RD8000 地下管线探测仪为例进行介绍。RD8000 地下管线探测仪(图 2-50)是英国雷迪公司研发的一款产品,已逐步取代 RD 4000PDL 和 PXL 地下管线探测仪,成为目前应用较为广泛的地下管线探测仪之一。RD8000 地下管线探测仪相比 RD4000PDL 和 PXL 等地下管线探测仪,具有响应速度快、准确度高、可靠性强等特点。RD8000 地下管线探测仪采用先进的数字固件设计专利,可称为一种可控性强、可靠性高的地下管线探测解决方案,是目前地下管线探测仪中性价比较高、性能较好的一款管道和电缆定位仪器。

图 2-50　RD8000 地下管线探测仪实物

1. RD8000 地下管线探测仪认知

(1)接收器。

1)接收器如图 2-51 所示。其组成如下:

1—键盘。

2—自动背光液晶显示器(简称 LCD)。

3—音讯发生器。

4—电池舱。

5—附件插槽。

6—耳机插孔。

7—蓝牙硬件模块(图 2-52)。

图 2-51　接收器

图 2-52　蓝牙硬件模块

2)接收器键盘如图 2-53 所示。其组成如下:

8—电源键:打开和关闭设备;开启接收器菜单。

9—频率键:选择频率;命令确认键。

10—向上和向下箭头:调整信号增益;滚动菜单选项进行切换。

11—模式键:切换天线模式和峰值谷值模式;打开子菜单;切换深度或电流在 LCD 上显示。

12—图表键:保存 SurveyCERT™测量。

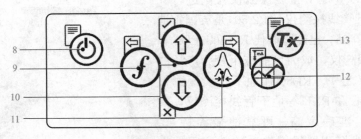

图 2-53　接收器键盘

13—发送键：在已经启动的接收器发送命令到已启动的发射机上。

3）接收器屏幕图标如图 2-54 所示。其组成如下。

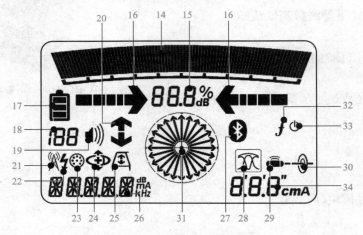

图 2-54　接收器屏幕图标

14—指示信号强度和峰值。

15—信号强度：数值指示信号，故障查找模式下为微伏读数。

16—谷值箭头：指示相对于接收器的管线位置。

17—电池图示：指示电池电量。

18—灵敏度和日志数量：日志保存后，显示内存中的日志数字。

19—音量图标：显示音量等级。

20—电流方向箭头。

21—无线电模式：无线电模式指示图标。

22—电力模式：电力模式指示图标。

23—附件指示：指示当前连接附件。

24—CD 模式：电流模式指示图标。

25—A 形架图示：指示 A 形架连接。

26—操作模式指示器。

27—蓝牙图示：表示蓝牙状态。闪烁图标表示在进行配对，固定图示表示处于连接状态。

28—天线模式图标：指示天线模式选择，包括峰值、谷值、单天线、合成峰谷值。

29—探头模式：表示接收器处于接收探头信号模式。

30—管线模式：表示接收信号源来自管线的模式。

31—方向罗盘：显示为电缆相对于接收器的方向。

32—发射机状态：显示发射机连接状态。

33—发射机待机：表示发射机处于待机模式。

34—显示当前深度或电流。

（2）RD8000（Tx1/Tx3/Tx10）发射机如图 2-55 所示。其组成如下：

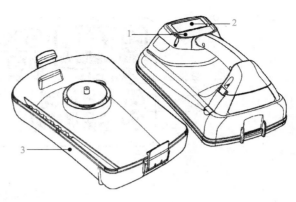

图 2-55　RD8000 发射机

1）发射机特性。

1—防水键盘。

2—自动背光液晶显示器。

3—附件舱。

4—电池舱，如图 2-56 所示。

2）发射机键盘如图 2-57 所示。其组成如下：

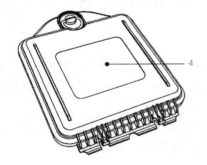

图 2-56　电池舱

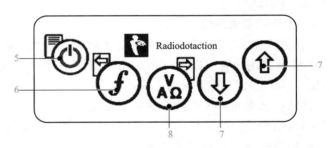

图 2-57　发射机键盘

5—电源键：打开和关闭发射机；打开发射机菜单。

6—频率键：选择频率；命令确认键。

7—向上和向下箭头：调整输出信号；滚动菜单选项。

8—AV 键：切换测量输出回路电压，显示电流和回路阻抗；在夹钳法中切换发射功率；打开子菜单（注：显示的测量是基于当前选择的模式或附件）。

3）发射机屏幕图标如图 2-58 所示。其组成如下：

9—电池图示：指示电池当前电量。

10—字母数字描述选定的操作模式。

11—待机图示：表示发射机处于待机模式。

12—输出功率：显示发射机输出功率。

13—夹钳图示：表示发射机处于夹钳模式。

14—直流图示：表示发射机采用外接直流电源。

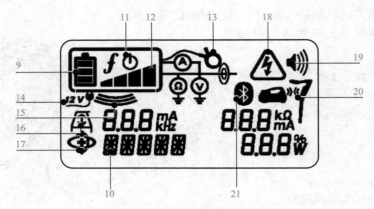

图 2-58　发射机屏幕图标

15—感应指标：表示发射机处于感应模式。

16—A 形架（仅 Tx3 和 Tx10）：表示发射机处于故障查找模式。

17—CD 模式指针（仅 Tx10）：表示发射机处于电流方向模式。

18—电压预警指针：表示发射机处于输出增压状态。

19—音量图标：显示音量大小。

20—配对图示（仅 Tx3B 和 Tx10B）：表示发射机和接收器进行无线连接。

21—蓝牙图示（仅 Tx3B 和 Tx10B）：表示发射机处于蓝牙连接状态，闪烁的图示表示配对正在进行中。

2. 电缆或管道定位

（1）天线模式。RD8000 系统支持 4 种天线模式，以适应特定应用程序或当地环境。这4 种天线模式是峰值模式（Peak mode）、单天线模式（Single antenna mode）、谷值模式（Null mode）、混合模式（Peak/null mode）。

注意：某些频率不支持多种天线模式。

1）峰值模式。峰值模式提供最准确的位置和深度测量。峰值模式不能被禁用。

峰值模式下的液晶显示如下：

①深度或电流；

②信号强度；

③方向罗盘。

选择峰值模式的步骤如下：

①打开接收器。

②按频率键选择首选频率。

③按模式键 ⟨Ⱥ⟩，直到显示峰值模式图标 ⟨ᐱ⟩。

2）单天线模式。单天线模式的探测灵敏度最高，但管线上方的峰值响应范围也最宽，用于快速定位。一旦找到一个单一的目标，应该使用谷值模式或峰值模式来确定更精确的定位。

单天线模式下的液晶显示如下：

①深度或电流；

②信号强度；

③方向罗盘。

选择单天线模式的步骤如下：

①打开接收器。

②按频率键选择首选频率。

③按模式键，直到显示单天线模式图标 □。

3）谷值模式。谷值模式用于验证电磁无失真环境中的定位信号。

谷值模式下的液晶显示如下：

①深度或电流；

②信号强度；

③方向罗盘；

④左、右箭头。

选择谷值模式的步骤如下：

①打开接收器。

②按频率键选择首选频率。

③按模式键，直到显示谷值模式图标 □。

谷值模式用于在管线上方给出一个谷值响应。谷值响应比峰值响应更容易使用，但谷值响应容易受到干扰，不能用于精确定位，除非在无干扰信号的区域。在谷值模式下接收器只能指示管线的位置，而不能准确指示管线的方向。

4）混合模式。混合模式的优势是以上模式可以同时运行。

混合模式下的液晶显示如下：

①左、右箭头；

②信号强度；

③方向罗盘；

④当前深度。

选择混合模式的步骤如下：

①打开接收器。

②按频率键选择首选频率。

③按模式键，直到显示混合模式图标 □。

（2）方向罗盘。方向罗盘提供了目标电缆和管线方向视觉指示。

1）在仅无源模式下可以使用方向罗盘。

2）接收器被设置为电力（Power）和无线电（Rodio）模式时，方向罗盘不可用。

（3）追踪。将接收器调到谷值模式可以提高追踪的速度。

沿着管线的路由向前走动，并左右摆动接收器，观察管线上方的谷值回应和管线两侧的峰值回应。每隔一段时间，将接收器调到峰值模式，对管线进行探测并验证管线的准确位置，如图 2-59 所示。

（4）精确定位。使用峰值模式对管线进行精确定位。对管线进行追踪并确定管线的大致位置之后，可确定管线的准确位置，如图 2-60 所示。

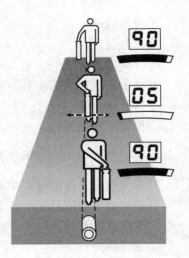

开始时，发射机使用中等的输出功率，接收器和发射机使用中等的频率，接收器使用峰值模式。将接收器的灵敏度调到刻度的一半。

1）保持接收器天线与管线的方向垂直，横过管线移动接收器，确定回应最大的点。

2）不要移动接收器，原地转动接收器，当响应最大时停止。

3）保持接收器垂直于地面，在管线上方左右移动接收器，在响应最大的地方停止。

4）将天线贴近地面，重复步骤 1）～3）。

图 2-59　追踪

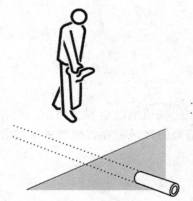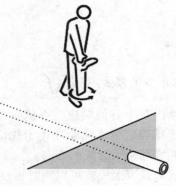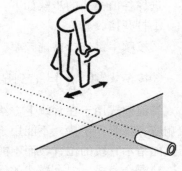

图 2-60　精确定位

5）标记管线的位置和方向。重复所有步骤以提高精确定位的精度。

注意： 在精确定位的过程中需要调节灵敏度，使表头读数保持适中的大小。

（5）定位验证。把接收器调到谷值模式，移动接收器，找出响应最小的谷值点。如果峰值模式的峰值位置与谷值模式的谷值位置一致，可以认为精确定位是准确的。如果两个位置不一致，则精确定位是不准确的。若两个位置都偏向管线的同一侧，管线的真实位置更接近峰值模式的峰值位置。管线位于峰值位置的另一边，距峰值位置的距离为峰值位置与谷值位置之间的距离的一半，如图 2-61 所示。

（6）扫描和搜索。在开挖区域内可能有很

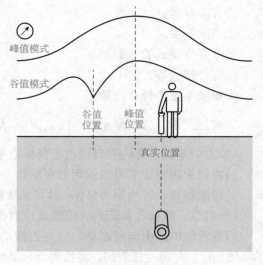

图 2-61　定位验证

多未知管线，在开挖之前探测这些未知管线非常重要，以避免在开挖过程中损毁地下管线。

1)被动扫描(无源扫描)。被动扫描将找到电力电缆、信号电缆、光纤和可能埋地辐射的导体。

执行被动扫描的步骤如下：

①打开接收器。

②按频率键选择需要的被动频率，同时检测电源和目前的无线电信号。

③将灵敏度调到最高，当遇到信号响应时调低灵敏度，并使响应保持在表头刻度范围之内。

④沿网格状的路线走动，走动时应保持平稳，接收器天线的方向与走动的方向保持一致，并且尽可能与被横过的管线呈直角。当接收器的响应增大深度出现时，指示有管线存在，停下来对管线进行精确定位，并标记管线的位置，追踪该管线直到离开要搜索的区域，然后继续在区域内进行网格式搜索，如图 2-62 所示。

在有些区域内，可能存在 50/60 Hz 电力信号的干扰，把接收器提高至离开地面 10 cm 处继续进行搜索。

在大多数区域(不是所有区域)，无线电模式可能探测到不辐射电力信号的管线，必须使用无线电和电力两种模式对同一个区域进行网格式搜索。

2)感应式扫描(有源扫描)。感应式扫描是探测未知管线的可行方法。这种搜索方法需要手执发射机和手执接收器两个操作员，如图 2-63 所示。

这种搜索方法被称为"两人搜索"。在开始搜索前，确定要搜索的区域和管线通过该区域可能的方向，并把发射机设定于感应模式，建议使用 33 kHz 发射感应信号。

①第一个人操作发射机，第二个人操作接收器。当发射机经过管线时将信号施加到管线，然后在发射机上游或下游 30 m 远的接收器探测该信号。

注意：接收机离发射机过近会造成读数不准确或接收器无法识别信号。

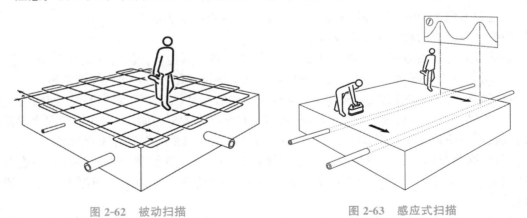

图 2-62　被动扫描　　　　　　　　图 2-63　感应式扫描

②发射机的方向与估计的管线的方向保持一致。第二个人提着接收机在要搜索区域的起始位置，接收器的天线的方向与可能的地下管线的方向保持垂直。

注意：感应式扫描中发射机与管线的距离一般在 1.5 m 内，超过 1.5 m 有可能造成接收器读数不准确或不能感应到管线。

③将接收器调到不会接收到直接从空中传播过来的发射机信号的最高的灵敏度。

④当发射机与接收器的方向保持正确之后，两个操作人员平行向前移动。

⑤提着接收器的操作人员在向前走动的过程中，前后移动接收器。

⑥发射机将信号施加到下方向的管线，再由接收器探测到该信号。

⑦在接收器探测到峰值位置的地面上做好标志。在其他可能有管线穿过的方向重复搜索。

⑧将发射机依次放在每一条管线的上方，用接收器追踪每一根管线直至离开要搜索的区域。

注意： 当在所有管线的位置都做好标志后，交换发射机和接收器的位置重新测定是否有其他管线；感应式扫描可能探测不到部分管线；如果有必要，可更换频率来验证管线位置。

3. 深度和电流读数

(1)深度读数。图 2-64 所示为管线深度探测示意，实地测量时需注意以下几点。

1)当管线带有发射机信号时，接收器测量管线的有效深度为 6 m(20 min)。

2)管线的无源信号不适合用来进行深度测量。

3)测量的深度是指管线的中心埋深。管线顶部的深度是小于接收器深度读数的，大口径管道更加明显。

4)确认接收器在管线的正上方，接收器天线与管线方向垂直，接收器保持垂直。

5)调节灵敏度，使表头读数在中等范围内。

6)为确保接收器方向正确，使用液晶方向罗盘。

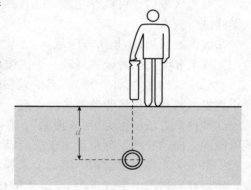

图 2-64 管线深度探测示意

7)定位方向正确时，罗盘线显示在 6 点位置，屏幕将显示目标管线深度。

8)按住右键将切换深度显示或电流显示。

9)尽量避免使用感应法。如果别无选择，发射机的位置应离开深度测量点 30 m。

10)用谷值法验证峰值法定位的准确性，以确定该位置是否适合进行深度测量。

11)当有较大的干扰或发射机感应到附近管线的信号时，进行深度测量是不准确的。

12)如果发现地面辐射很强的电磁场(可能是在无线电发射站附近)，在进行深度测量时提高接收器，使其离开地面 20 cm，在测得的读数中减去该距离作为管线的深度。

(2)深度测量的验证。将接收器从地面提高 20～50 cm 重复进行深度测量，检查可疑的测量深度。如果测量到的深度增加的值与接收器提高的高度相同，则深度测量一般是正确的。

如果条件合适，深度测量的精度为深度的±5%。然而，有时可能不知道现场条件是否适合深度测量，因此应该采用以下方法检查可疑的读数。

1)检查深度测量点两边管线的走向至少有 5 m 是直的。

2)检查 10 m 范围内信号是否相对稳定，并且在初始深度测量点的两边进行深度测量。

3)检查目标管线附近 3～4 m 范围内是否有携带信号的干扰管线。这是造成深度测量误差最常见的原因，邻近管线感应到很强的信号可能会造成±50%的深度测量误差。

4)在稍微偏离管线的位置进行几次深度测量,深度最小的读数是最准确的,而且该处指示的位置也是最准确的。

粗糙深度校准检查:这是一种快速而简单的验证方法,以检定接收器的深度读数准确度是否在可接受的范围内。

读数不准确可能是接收器接收到其他强信号导致的(如另一条靠近目标管线而且与目标管线平行的管线或电缆)。

在野外有两种检查接收器深度校正的方法,两种方法都需要使用发射机。

方法1:

1)将发射机放在地上的一个非金属物体上(如纸箱),并且远离任何地下管线。打开发射机电源,确保发射机未连接任何附件并且在感应法工作模式下,当发射机放在纸箱上时,其至少离开地面0.5 m。

2)手持接收器,机身保持水平并且指向发射机的前部,离发射机前部的距离大概为5 m。

3)打开接收器电源。

4)选择与发射机选择的频率相同的感应频率。

5)在接收器上选择发射探头模式。

6)左右移动接收器,当接收器获得最大的信号响应时,将接收器放在地面上的一个非金属物体上(如纸箱),确认机身保持水平并指向发射机。当接收器放在纸箱上时,其至少离开地面0.5 m。

7)接收器上显示深度/电流测量值。

8)用卷尺测量接收器底部与发射机中心之间的距离。

9)对比用卷尺测得的距离与接收器的深度读数。如果接收器上的深度读数与卷尺测量的距离的差异小于总距离的10%,该深度读数可以认为是准确的。

方法2:

1)给一条已知深度的管线施加发射机信号。

2)对管线进行精确定位。

3)对比接收器的深度读数和管线的真实深度。

(3)电流读数。

1)电流测量简介。在管线密集的区域,接收器可能会在旁边的干扰管线上探测到比目标管线更强的信号,因为它的深度比目标管线小。电流测量数据最大的(而不是信号响应最强的)管线才是施加了发射机信号的目标管线,如图2-65所示。

测量电流提供了关于三通和弯头的有用资料。在三通后面进行电流测量表明主管线由于长度大而比分支管线吸引了更多电流,如图2-66所示。

发射机给目标管线施加一个电流信号。随着离发射机距离的增加,电流强度会逐渐减小,衰减程度因管线种类及土质而定。但无论任何类型的管线,电流强度的衰减速度都应保持稳定,没有突然的下降或变化。

电流的突然变化都指示管线或其状况发生了变化,信号的反应会随着深度的增加而减少,如图2-67、图2-68所示。

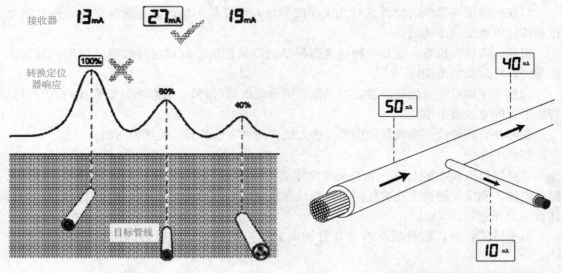

<table>
<tr><td>接收器</td><td>13 mA</td><td>27 mA ✓</td><td>19 mA</td></tr>
</table>

图 2-65 目标管线   图 2-66 电流测量可区分主管线与分支管线

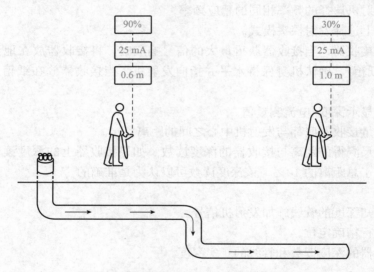

图 2-67 管线深度变化引起的测量数据变化

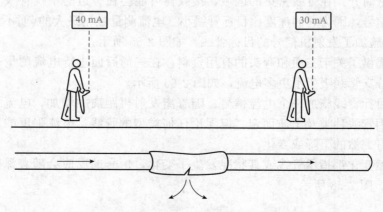

图 2-68 管线泄漏引起的测量数据变化

2）施加发射机信号。发射机信号可以直接连接感应的方式施加到目标管线。与管线追踪信号的施加方式相同。

3）信号电流测量（图 2-69）。

①对管线进行精确定位，并用谷值定位确认峰值定位的准确性。

②确认接收器在管线的正上方，天线与管线的方向垂直，机身与地面保持垂直。

③方向罗盘对正后，屏幕将显示以毫安（mA）为单位的电流值。

④信号感应到邻近的管线将降低测量的精度。

⑤如果测量的读数可疑，则搜索附近的区域，检查附近是否有其他辐射信号的管线。

⑥如果其他信号造成了干扰，应该到该管线的其他点进行深度测量。

⑦测量电流需要两个天线，因此不能使用接收器的附件天线（如夹钳或听诊器）。

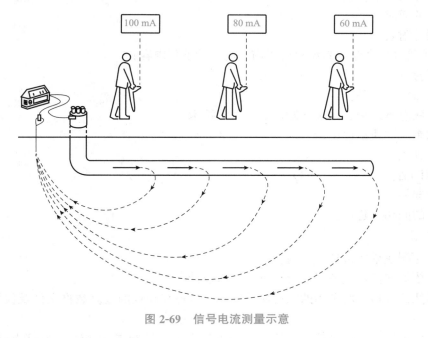

图 2-69　信号电流测量示意

2.5　报告书编写与成果验收

2.5.1　一般规定与具体内容

1. 报告书编写和成果验收的一般规定

（1）地下管线探测工程结束后，作业单位应编写报告书。

（2）地下管线探测成果的验收应在探查、测量、数据处理和地下管线图编绘及地下管线信息管理系统建立等工序检验合格的基础上，由质量监理机构认可和提出监理报告后，由任务委托单位组织实施。

（3）成果验收应以任务书或合同书、经批准的技术设计书及《城市地下管线探测技术规程》（CJJ 61—2017）为依据。

2. 报告书编写

（1）报告书类型应包括地下管线探测报告书和地下管线信息管理系统报告书。

（2）地下管线探测报告书应包括下列内容。

1）工程概况：工程的依据、目的和要求，工程的地理位置、地球物理和地形条件，开竣工日期；实际完成的工作量等。

2）技术措施：各工序作业的标准依据、坐标和高程的起算依据、采用的仪器和技术方法。

3）应说明的问题及处理措施。

4）质量评定：各工序质量检验与评定结果。

5）结论与建议。

6）提交的成果。

7）附图与附表。

（3）地下管线信息管理系统报告书内容应包括下列内容。

1）立项背景。

2）项目目标与任务。

3）系统的总体结构、系统开发计划与关键技术。

4）数据来源与质量评定。

5）项目管理。

6）项目评估。

7）项目成果。

8）存在的问题与建议。

3. 成果验收

提交的探测成果应包括下列内容。

1）工作依据文件：任务书或合同书、技术设计书。

2）工程凭证资料：所利用的已有成果资料，坐标和高程的起算数据文件及仪器的检验、校准记录。

3）探测原始记录：探测草图、管线点探测记录表、控制点和管线点的观测记录和计算资料、各种检查和开挖验证记录及权属单位审图记录等。

4）作业单位质量检查报告及精度统计表、质量评价表；监理单位监理报告、监理记录、精度统计表、质量评价表。

5）成果资料：综合管线图、各种专业管线图、管线断面图、控制点成果、管线点成果表及管线图形和属性数据文件。

6）地下管线信息系统软件。

7）地下管线探测报告书和地下管线信息管理系统报告书。

2.5.2 成果验收

（1）验收合格的探测成果应符合下列要求。

1）探测单位提交的成果资料应齐全。

2）探测的技术措施符合本规程和经批准的技术设计书的要求，重要技术方案变动提供充分的论证说明材料，并经任务委托单位批准。

3）所利用的已有成果资料有资料提供单位出具的证明材料并经监理机构确认。

4）各项探测的原始记录、计算资料和起算数据的引用均履行过检查审核程序，有抄录或记录、检查、审核者签名。

5）各种仪器检验和校准记录、各项质量检查记录齐全，发现的问题已做出处理和改正。

6）各种专业管线图、综合管线图、断面图均有作业人员和专业人员进行室内图面检查、实地对照检查和仪器检查、开挖验证，并符合质量要求。

7）由计算机介入和产生的探测成果，其数据格式符合地下管线信息管理系统的要求，图形和属性数据文件的数据与提交的相应成果一致。

8）地下管线探测报告书内容齐全，能反映工程的全貌，结论正确，建议合理可行。

9）成果资料组卷装订符合城建档案管理的要求。

10）地下管线信息管理系统达到预期的设计要求。

（2）验收报告书。验收后应提出验收报告书。验收报告书应包括下列内容。

1）验收目的。

2）验收组织：组织验收部门、参加单位、验收组成员。

3）验收时间及地点。

4）验收概况。

5）发现的问题及处理意见。

6）验收结论。

7）验收组成员签名表。

（3）成果提交。

1）成果提交应分为向用户提交和归档提交。应按任务书或合同书的规定向用户提交成果。归档提交的内容应包括探测成果中除地下管线信息系统软件外的全部内容和验收报告。

2）移交成果时应列出清单或目录，逐项清点，并办理交接手续。

2.6　典型案例分析

2.6.1　案例背景

使用探地雷达探测人行天桥的城市地下管线，其目的在于查明在天桥各桩位点处地下 1～6 m 深度范围内是否存在各种城市地下管线，为人行天桥的桩位开挖施工服务，如图 2-70 所示。

每个桩位的开挖直径为 1.5 m 左右，为了更好地控制地下的探测范围，在条件允许的情况下，在每个桩位处都布置两条长 3 m 以上的垂直测线。城市地下管线的埋深范围一般为 1～6 m，因此选择 250 MHz 的天线就可满足探测要求。

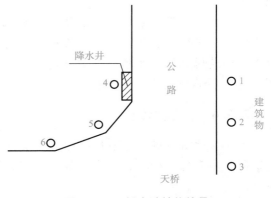

图 2-70　天桥大致桩位编号

2.6.2 存在的问题

(1)1号、2号、3号桩位存在明显的拱形异常。

(2)4号桩位无明显的异常反应，5号桩与桩身擦边处有一处较明显异常，6号桩与桩身擦边处有一处拱形异常。

(3)在降水井的位置布置3条测线，前两条测线存在明显反射层，第3条测线存在一个明显的拱形异常。

2.6.3 分析问题

从图2-71所示的雷达扫描图看出，1号、3号桩位与桩身擦边处0.5 m埋深的地方，存在明显的拱形异常，推断为管线。另外，在3号桩右侧2.5 m处埋深1.2 m的地方也存在一处明显拱形异常，推断为给水管。

2号桩的一条测线上有明显的异常发射面，另一条垂直测线上存在明显的拱形异常，推断为金属管线。

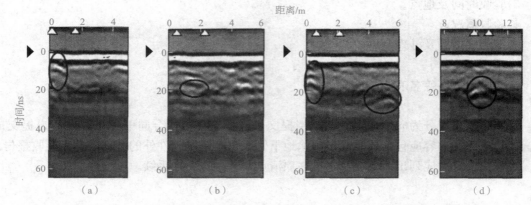

图2-71 1号、2号、3号桩位的一条测线和2号桩的另一条垂直测线
(a)1号桩位；(b)2号桩位；(c)3号桩位

从图2-72所示的雷达扫描图看出，4号桩位无明显的异常反应；5号桩位与桩身擦边处有一处较明显异常，推断是路边的干扰引起；6号桩位与桩身擦边处有一处拱形异常，推断为管线。

在图2-70中降水井的位置布置3条测线，其探测结果如图2-73所示。3条测线放在一个文件中，前两条测线在1.0~1.3 m范围内都存在明显反射层，但不是管线。第3条测线从雷达扫描图上看，存在一个明显的拱形异常，推断为管线，因此建议将打井位置选在图2-70中降水井设想位置的上方。

2.6.4 经验总结

应用探地雷达进行地下管线探测的实践表明，探地雷达能够成功用于城市地下管线的探测，具有探测准确、适用于各种类型管线探测的优点，对后期工程钻孔定位有指导意义。

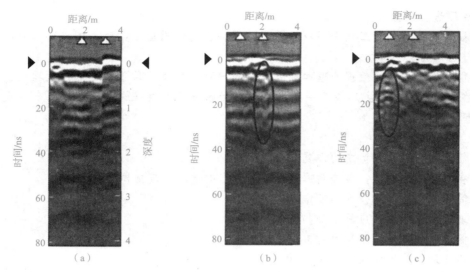

图 2-72 4 号、5 号、6 号桩位的一条测线

(a)4 号桩位；(b)5 号桩位；(c)6 号桩位

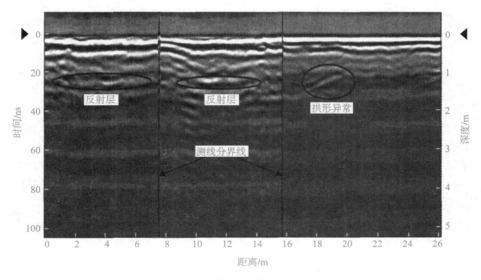

图 2-73 降水井雷达扫描图

复习思考题

一、填空题

1. 地下管线探测包括_____和_____两个基本内容。

2. 管线点分为_____和_____。

3. 用于地下管线探测的电磁法可分为_____和_____。

二、判断题

1. 每个工区必须在隐蔽管线点和明显管线点中分别抽取不少于各自总点数的 5%，通

过重复探测进行质量检查。 （ ）

2. 被动源法是利用工频 10 Hz 信号及空间存在的电磁信号，对物体进行探测，并不需要人工建立场源。 （ ）

3. 雷达探测是通过数据处理和图像识别来确定目标体的位置和埋深。从理论上讲，管线异常在雷达扫描图像上反映为一条锯齿状的抛物线，可根据这一异常特征来判定管线的位置、埋深。 （ ）

三、简答题

1. 简述地面管线点标志的设置要求。

2. 在明显管线点上，应查明哪些地下管线上的建(构)筑物和附属设施？

3. 简述电磁法探测技术的工作原理。

4. 地下管线探测仪应具备哪些性能？

5. 简述电磁波法探测技术的工作原理。

6. 简述地下管线物探应遵循的原则。

7. 简述非金属管线示踪线材料的选择要求。

8. 地下管线探测报告书应包括哪些内容？

项目 3

地下管线测量

知识要点	能力要求	权重
控制测量	掌握简易工程平面控制测量和高程控制测量的常用方法；熟悉导线、水准路线的概念和布设形式；熟悉平面控制测量与高程控制测量的主要技术要求	20%
管线点测量	掌握确定管线特征点位置的技术要求；掌握管线点测量的方法；熟悉管线点测量的精度要求	35%
新建管线定线测量与竣工测量	了解地下管线定线测量与竣工测量的联系与区别；了解地下管线定线测量与竣工测量的目的、内容与要求；掌握地下管线定线测量与竣工测量的方法	35%
地形图测绘	熟悉全站仪野外数据采集和 GNSS RTK 碎部测量的工作内容、注意事项；熟悉地形图的绘制内容和基本要求	10%

任务描述

地下管线测量包括已有地下管线测量、地下管线核验测量和地下管线竣工测量。地下管线测量工作内容包括控制测量和管线点测量。地下管线测量应在收集、分析已有的控制点和地形图资料的基础上进行，应实地测量管线点的平面位置与高程。地下管线测量控制点精度及地下管线点平面、高程测量精度应符合相关技术规程的规定。

职业能力目标

开展地下管线测量工作，需要掌握地下管线测量的内容、常用方法和技术要求，掌握平面控制测量和高程控制测量的方法和主要技术要求，以及地下管线定线测量与竣工测量的作业方法和步骤，具备运用仪器设备和软件进行数据采集以及绘制地形图的能力。学习完本项目内容后，应该达到以下目标：

(1)掌握平面控制测量和高程控制测量的方法和主要技术要求；

(2)了解明显管线点与隐蔽管线点的联系与区别；

(3)掌握地下管线定线测量与竣工测量的作业方法和步骤；

(4) 掌握地形图绘制数据处理的一般要求;

(5) 能够使用全站仪进行野外数据采集;

(6) 能够进行 GNSS RTK 碎部测量和地形图绘制。

典型工作任务

认识地下管线测量工作的内容,学习控制测量、管线点测量、地下管线定线测量和竣工测量的方法和技术要求;掌握地形图绘制的作业方法和流程、技术指标。

情境引例

《史记·夏本纪》记载:"左准绳,右规矩,载四时,以开九州,通九道,陂九泽,度九山。"其描述了大禹实施治水工程前进行测量的情形:大禹左手拿着准和绳,右手拿着规和矩,还装载着测四时定方向的仪器,开发九州土地,疏导九条河道,修治九个大湖,测量九座大山。《史记·夏本纪》还记载:"(禹)行山表木,定高山大川。"其中,"行"和"表"在此都有"刻划"的意思,意思是说在治水过程中,大禹在各个测量点竖立起了带(刻划)有一定计量数值的木桩标杆,对山体和河流进行大小测定和位置量测,即进行地面点位测量工作。

在进行管线点测量时,需要建立平面控制网和高程控制网,在此基础上,运用测量仪器和工具,通过测量与计算,确定地面点在坐标系中的空间位置,为地下管线规划设计、施工、检查、竣工、验收等提供可靠准确的数据。

3.1 控制测量

控制测量包括平面控制测量和高程控制测量。平面控制测量是指测区内平面等级控制测量和图根平面控制测量的建立和施测;高程控制测量是以城市等级水准点为依据,在地下管线工作区域布设水准线路或采用电磁波三角高程测量方法传递测区高程基准的过程。当采用电磁波三角高程测量方法时可与导线测量同时进行,它们是实测地下管线点和地物点空间位置的坐标和高程基准。地下管线测量控制网的建立和地形图的施测,已有控制网点和地形图的检测、修测,均应按照现行《城市地下管线探测技术规程》(CJJ 61—2017)的有关规定和要求执行。当已有城市控制等级网点覆盖地下管线探测项目区域,且满足使用需求,踏勘验证后可作为首级控制网点使用,或者城市 CORS 系统完整覆盖项目测区,且具有满足要求的似大地水准面精化成果时,可在此基础上直接进行图根平面控制测量;反之,应依据《城市测量规范》(CJJ/T 8—2011)的要求,遵循"从整体到局部,分级布网"的原则布设地下管线探测项目控制网点和地下管线控制点。

建立地下管线控制网点时,若施测区域面积大于 1 km²,则首级控制网点布设等级不宜低于一级,加密控制网点布设等级不宜低于二级;若施测区域面积小于 1 km²,则首级控制网点布设等级不宜低于二级,在首级控制网的基础上布设图根控制点。

地下管线控制测量应在城市等级控制网的基础上进行布设或加密,以确保地下管线测量成果平面坐标和高程系统与原城市系统的一致性,便于成果的共享和使用,同时避免重复测量造成浪费。

3.1.1 平面控制测量

地下管线平面控制测量作业方法主要有导线测量、卫星定位测量、三角测量等方法。实际作业中应根据实际情况选用最适宜和经济的方法，可以采用从高级到低级的顺序越级布设加密控制点，不宜采用同级拓展的形式布设加密控制点，平面控制网中最弱点的点位中误差不应大于 0.05 m（相对于起算点）。当前三角测量方法采用较少，仅略述，主要介绍导线测量和卫星定位测量两种方法。

1. 导线测量

（1）一般要求。采用导线测量方法可布设三等、四等、一级、二级、三级平面控制网，常使用光电测距导线和图根钢尺量距导线等方法施测（图 3-1 所示为实地导线观测场景参考示意），随着测绘科技的进步及工作效率的提高，图根钢尺量距导线已经很少采用，本书不再赘述。光电测距导线的具体作业方法及作业要求参照现行行业标准《城市测量规范》（CJJ/T 8—2011）实施，主要技术要求见表 3-1～表 3-3。

图 3-1　实地导线观测场景参考示意

表 3-1　光电测距导线测量的主要技术要求

级别	闭合环或符合导线长度/km	平均边长/m	测角中误差/(″)	测距中误差/mm	测回数		方位角闭合差/(″)	相对闭合差	备注
					DJ₂	DJ₆			
三等	≤15	3 000	≤1.5	≤18	12	—	$\pm3\sqrt{L}$	1/60 000	
四等	≤10	1 600	≤2.5	≤18	6	—	$\pm5\sqrt{L}$	1/40 000	
一级	≤3.6	300	≤5	≤15	2	4	$\pm10\sqrt{L}$	1/14 000	L 为测站数
二级	≤2.4	200	≤8	≤15	1	3	$\pm16\sqrt{L}$	1/10 000	
三级	≤1.5	120	≤12	≤15	1	2	$\pm24\sqrt{L}$	1/6 000	
图根	≤0.9	80	≤20	≤15	0.5	1	$\pm40\sqrt{L}$	1/4 000	

注：1. 一、二、三级导线的布设可根据高级控制点的密度、道路曲折、地物的疏密等具体条件，选用两个级别。
　　2. 导线网中，结点与高级点间或结点间的导线长度不应大于附合导线规定长度的 70%；
　　3. 当附合导线长度短于规定长度的 1/3 时，导线的全长闭合差不应大于 0.13 m；
　　4. 在特殊情况下，导线的总长和平均边长可放长至规定长度的 1.5 倍，但其全长闭合差不应大于 0.26 m。

表 3-2　方向观测法的主要技术要求

经纬仪型号	半测回归零差/(″)	一次回内 2C 互差/(″)	同一方向值各测回较差/mm
DJ$_2$	8	13	9
DJ$_6$	18	—	24

表 3-3　光电测距法的主要技术要求

测距仪精度等级	导线等级	总测回数	一测回读数较差/mm	单测回间较差/mm	往返或不同时段的较差/mm
Ⅱ级	一级	2	5	7	2(a+b×D)
	二、三级	1	≤10	≤15	
	图根	1	≤10	≤15	

注：a 为固定误差；b 为比例误差系数；D 为测量得到的两点间距离。

（2）导线控制点布设。导线控制点布设及控制点点位选取是一项十分重要的工作，导线点选择路线、位置是否合适，直接影响今后施测条件的好坏、点位是否能够长期保存和便于管线测量使用，因此，必须重视点位选取工作。城市一级、二级、三级导线和图根导线主要沿道路布设，选点时重点考虑导线施测的方便和有利于达到精度要求。各级导线控制点应符合下列要求。

1）相邻点之间应通视良好，点位之间视线与障碍物的高度（或距离）应大于 0.5 m。

2）点位应选设在土质坚实、利于加密和扩展的十字路口、丁字路口、工矿企业入口、人行道上或其他开阔地段。

3）不致严重影响交通或因交通而影响测量工作。

4）便于下级控制网的拓展加密、地形测量和管线点的测量使用。

5）尽量避开地下管线，防止埋设标石时破坏地下管线或埋设标石后因管线施工被破坏。

6）尽量利用原有符合要求的导线控制点。

（3）导线控制点埋设及编号。导线控制点点位选定后要埋设相应等级要求尺寸的标石标志，并按要求统一编号和命名。一级、二级、三级导线控制点的标石一般用混凝土预制而成，顶面中心浇埋标志（标芯），也可以现场浇注或用罐式（铸铁盖）标志、钢桩或其他达到要求的标志。标石埋设形式依据导线控制点点位的地面材质结合相关规程、规范确定，但应结构牢固、造型稳定、利于长期保存、便于使用。图根点标志可根据实际自行设计选用。

各级导线控制点的标石规格和造埋深度参见《卫星定位城市测量技术标准》（CJJ/T 73—2019）附录 F。

各级导线控制点应根据地下管线测量需求及资料存档等实际需要绘制"点之记"。

（4）外业观测。导线观测前，对拟投入使用的全站仪（经纬仪）进行以下严格检验。

1）照准部旋转正确性的检验。

2）水平轴不垂直于垂直轴之差的检验。

3）垂直微动螺旋使用正确性的检验。

4）照准部旋转时，仪器底座位移产生的系统误差的检验；

5）光学对中器的检验和校正。

导线观测使用相应等级的全站仪，在通视良好、成像清晰时进行。为了提高测量精度，宜采用三联脚架法、方向观测法测定水平角和边长。方向观测法的技术要求见表 3-2，光电测距的主要技术要求见表 3-3。

导线测量的原始观测数据和记事项目，可采用纸质观测手簿、电子手簿记录，采用电子手簿记录时，当天要按规定格式打印并装订成册。当采用手工记录时，应现场用铅笔记录在规定格式的外业手簿中，字迹要清楚、整洁、美观、齐全，原始观测数据不得涂改、转抄，涉及计算错误部分的数据可以更改，但需注明更改原因。手簿各记事项目，每一站或每一观测时间段的首末页都必须记载清楚，填写齐全。

（5）平差计算。外业观测记录手簿须经二级检查，核对无误后方能进行内业计算。测距边长的倾斜改正、气象改正、加常数改正、乘常数改正、高程归化、长度改化等应根据导线等级要求进行数据处理和改正。应采用经鉴定合格的平差软件在计算机上进行简易平差和严密平差计算。

2. 卫星定位测量

（1）一般要求。卫星定位测量即全球导航卫星系统（GNSS）定位测量。随着空间技术的发展，以卫星为基础的无线电导航定位系统，即 GNSS 技术已成为应用最为广泛的空间定位技术之一。该系统具有全球性、全天候、高效率、多功能、高精度的特点，它不受天气条件的影响，同时可获得三维坐标，该技术的应用改变了传统的控制测量布网方法，作业手段和内外作业程序发生了根本性的变革，为测量工作提供了一种崭新的技术手段和方法。

GNSS 技术发展迅速，在 20 世纪 80 年代只有美国 GPS，在 20 世纪 90 年代有了俄罗斯 GLONASS 卫星定位系统，在 21 世纪初出现了欧盟 GALILEO 卫星定位系统及我国北斗（BD）卫星定位系统。依据工作原理、方法、用途不同，卫星定位测量有多种作业方法，如 CORS、静态相对定位、RTK、网络 RTK 等。CORS 是 GNSS 连续运行观测，用于建立控制测量基准站，静态相对定位测量用于建立非城市 CORS 覆盖区或专用需求的高等级控制网，RTK 和网络 RTK 多用于建立低等级控制网及地理信息数据采集。

卫星定位网可采用静态相对定位测量和动态测量方法施测。动态测量可采用网络 RTK 测量方式或单（双或多）基准站 RTK 测量方式；在已经建立 CORS 站网的城市，宜采用网络 RTK 测量方式。静态相对定位测量常用于施测二级、三级、四等和一级、二级平面控制网；动态测量可施测一级、二级、三级平面控制网。

（2）GNSS RTK 平面控制测量技术要求。GNSS RTK 平面控制测量技术是目前建立低等级控制测量及地理信息数据采集的主要技术手段，具体作业要求和工序技术指标要求应结合地下管线测量的项目特点，依据《工程测量标准》（GB 50026—2020）、《城市测量规范》（GJJ/T 8—2011）、《卫星定位城市测量技术标准》（GJJ/T 73—2019）等规程、规范要求设计技术方案和工作流程。其主要技术要求见表 3-4。一级、二级、三级、图根控制测量中在外业实地观测时，宜采用三脚架、简易三脚架辅助（参考图 3-2、图 3-3，优化实地观测及方案设计），以增强观测数据的稳定性、可靠性。

表 3-4　GNSS RTK 平面控制测量技术要求

等级	相邻点间距离/m	点位中误差/mm	边长相对中误差	基准站等级	流动站到单基准站间距离/km	测回数
一级	≥500	≤50	≤1/20 000	—	—	≥4
二级	≥300	≤50	≤1/10 000	四等及以上	≤6	≥3
三级	≥200	≤50	≤1/6 000	四等及以上	≤6	≥3
				二级及以上	≤3	
图根	≥100	≤50	≤1/4 000	四等及以上	≤6	≥2
				三级及以上	≤3	
碎部	—	图上 0.5 mm	—	四等及以上	≤15	≥1
				三级及以上	≤10	

注：网络 RTK 测量可不受基准站等级、流动站到单基准站距离的限制，但应在城市 CORS 系统的有效服务范围内。

图 3-2　静态相对定位测量

图 3-3　动态测量

（3）卫星定位测量施测和数据处理。

1)GNSS 静态相对定位测量。静态相对定位测量应选择经检验合格的接收机进行 GNSS 静态相对定位测量观测，检验项目、方法、要求应符合现行行业标准《卫星定位城市测量技术标准》(CJJ/T 73—2019)的规定；GNSS 静态相对定位测量的主要观测技术要求见表 3-5。

表 3-5　静态相对定位测量的观测技术要求

项目	观测方法	等级				
		二等	三等	四等	一级	二级
卫星高度角/(″)	静态	≥15	≥15	≥15	≥15	≥15
有效观测同类卫星数	静态	≥4	≥4	≥4	≥4	≥4
平均重复设站数	静态	≥2.0	≥20	≥1.6	≥1.6	≥1.6
时段长度/min	静态	≥90	≥60	≥45	≥45	≥45
数据采样间隔/s	静态	10～30	10～30	10～30	10～30	10～30
PDOP 值	静态	<6	<6	<6	<6	<6

GNSS 静态相对定位测量的数据检验应符合下列规定。

①同一时段观测值的数据剔除率不宜大于 10%。

②复测基线的长度较差应满足下式的要求。

$$ds \leqslant 2\sqrt{2}\sigma$$

式中　ds——复测基线的长度较差。

③采用同一种数学模型解算的基线，网中任何一个三边构成的同步环闭合差应满足下列公式的要求：

$$W_X \leqslant \frac{\sqrt{3}}{5}\sigma$$

$$W_Y \leqslant \frac{\sqrt{3}}{5}\sigma$$

$$W_Z \leqslant \frac{\sqrt{3}}{5}\sigma$$

$$W_S \leqslant \frac{\sqrt{3}}{5}\sigma$$

$$W_S = \sqrt{W_X^2 + W_Y^2 + W_Z^2}$$

式中　W_X、W_Y、W_Z——环坐标分量闭合差；

　　　W_S——环闭合差。

④GNSS 网外业基线预处理结果，异步环或附合线路坐标闭合差应满足下列公式的要求：

$$W_X \leqslant 2\sqrt{n}\sigma$$

$$W_Y \leqslant 2\sqrt{n}\sigma$$

$$W_Z \leqslant 2\sqrt{n}\sigma$$

$$W_S \leqslant 2\sqrt{3n}\sigma$$

$$W_S = \sqrt{W_X^2 + W_Y^2 + W_Z^2}$$

式中　W_S——环闭合差；

　　　n——闭合环边数。

2）GNSS RTK 动态测量。GNSS RTK 动态测量控制点的布设原则是满足发展下一个等级测量对控制点的需要，GNSS RTK 动态测量控制点应布设 3 个及以上或 2 对及以上相互通视的点，分布情况如图 3-4、图 3-5 所示。GNSS RTK 动态测量观测前设置的平面收敛阈值不应超过 2 cm，垂直收敛阈值不应超过 3 cm。

 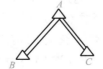

图 3-4　3 个相互通视的点

GNSS RTK 动态测量控制点应采用常规方法进行边长、角度或导线联测等内容和方式的同精度检核。GNSS RTK 平面控制点检核测量技术要求应符合表 3-6 的规定。

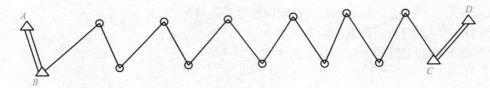

图 3-5　2 对相互通视的点

表 3-6　GNSS RTK 平面控制点检核测量技术要求

等级	边长检核		角度检核		导线联测检核		坐标检核/mm
	测距中误差/mm	边长较差的相对中误差	测角中误差/(″)	角度较差限差/(″)	角度闭合差/(″)	边长相对闭合差	
一级	≤15	≤1/14 000	≤5	≤14	≤16$\sqrt{n}$	≤1/10 000	≤50
二级	≤15	≤1/7 000	≤8	≤20	≤24$\sqrt{n}$	≤1/6 000	≤50
三级	≤15	≤1/4 000	≤12	≤30	≤40$\sqrt{n}$	≤1/4 000	≤50
图根	≤20	≤1/2 500	≤20	≤60	≤60$\sqrt{n}$	≤1/2 000	≤50

单基准站 RTK 测量基准站设置应符合下列要求。

①基准站应架设在符合要求的点上。

②仪器对中整平后量取天线高度，接收机中的天线类型、天线高量取方式及天线高量取位置等项目的设置应和天线高量测时的情况一致。

③基准站的卫星高度截止角不宜小于 15°。

④选择无线电台通信方法时，数据传输工作频率应按约定的频率进行设置。

⑤仪器类型、测量类型、电台类型、电台频率、天线类型、数据端口、蓝牙端口等设备参数应在随机软件中正确选择。

⑥基准站坐标、数据单位、尺度因子、投影参数和坐标转换参数等计算参数应正确输入。

RTK 一测回观测应符合下列要求。

①对仪器进行初始化。

②观测值应在得到 RTK 固定解且收敛稳定后开始记录。

③每测回的观测时间不应短于 10 s，应取平均值作为本测回的观测结果。

④经度、纬度应记录到 0.000 01″，平面坐标和高程应记录到 0.001 m。

⑤测回间应对接收机重新进行初始化，测回间的时间间隔应超过 60 s。

⑥测回间的平面坐标分量较差不应超过 20 mm，垂直坐标分量较差不应超过 30 mm，应取各测回结果的平均值作为最终观测成果。

⑦当初始化时间超过 5 min 仍不能获得固定解时，宜断开通信链路，重新启动 GNSS 接收机进行初始化。当重新启动 3 次仍不能获得固定解时，应选择其他位置进行测量。

网络 RTK 测量可以理解为基于城市 CORS 技术服务系统的 RTK 测量，进行网络 RTK 测量前，应在城市 CORS 系统服务中心进行登记、注册，以获得系统服务的授权。网络 RTK 测量与单基准站测量的技术要求基本一样，网络 RTK 测量应在 CORS 系统的有效服务区域内进行。

(4)RTK数据处理与检验。及时将外业采集的数据从数据采集器中导入计算机,并进行数据备份、数据处理,同时对数据采集器内存进行整理。数据输出内容应包含点号、三维坐标、天线高、三维坐标精度、解的类型、数据采集时的卫星数、PDOP值及观测时间等。外业观测数据不得进行任何剔除、修改,应保存外业原始观测记录。地心三维坐标成果可通过验证后的软件转换为参心坐标成果。RTK测量成果应进行100%的内业检查和10%的外业抽检,内业数据检查内容(包括外业观测数据记录和输出成果内容)应齐全、完整;观测成果的精度指标、测回间观测值及校核点的较差应符合规定;几何检核应符合相关规定。外业检核点应均匀分布于作业区的中部和边缘。可采用已知点比较法、重测比较法、常规测量方法等进行处理。应按下式计算检核点的平面点位中误差:

$$M_P = \sqrt{\frac{|\mathrm{d}P\mathrm{d}P|}{2N}}$$

式中　M_P——检核点的平面点位中误差(cm);

　　　　$\mathrm{d}P$——检核点两次测量平面点位的差值(cm);

　　　　N——检测点个数。

3.1.2　高程控制测量

地下管线测量高程控制网布设范围应与平面控制网及作业范围相适应,首级高程控制网的等级依据地下管线测量的范围面积、远景规划、管线的长度及分布等情况选择,可建立三等、四等高程控制网。一般情况下,可利用首级控制网成果、城市高程控制网成果、城市似大地水准面精化成果等条件加密布设四等、图根高程控制网,直接服务于地下管线测量。地下管线高程控制测量的作业方法主要有几何水准测量方法和高程导线测量方法,高程导线测量可以替代四等水准测量。高程控制网的布设形式主要为附合路线、结点网和闭合环。在特殊情况下需要布设水准支线时,无论哪种等级均需进行往返观测。

1. 高程控制测量的一般要求

地下管线高程控制网应采用与城市统一的高程基准,即采用1985国家高程基准或部分地区沿用的1956黄海高程系统,不宜采用地方高程系统。首级控制网的等级不宜低于四等,各等级高程控制网中相对于起算点的最弱点高程中误差不应大于0.02 m。高程控制测量应起算于等级高程点(四等或四等以上)。各等级高程控制网主要技术指标应满足表3-7的要求。

表3-7　各等级高程控制网主要技术指标

等级	每千米高差中数中误差/mm		附合路线或环线闭合差/mm	检测已测测段高差之差	备注
	全中误差 M_w	偶然中误差 $M_\triangle$			
三等	≤6	≤3	$\pm 12\sqrt{L}$	$\pm 20\sqrt{L_i}$	L 为附合或环线的长度或已测测段的长度,均以 km 计
四等	≤10	≤5	$\pm 20\sqrt{L}$	$\pm 30\sqrt{L_i}$	
图根	≤20	≤10	$\pm 40\sqrt{L}$	$\pm 60\sqrt{L_i}$	

四等及以下高程控制测量，可采高程导线测量方法。采用高程导线测量方法施测四等高程控制网时，附合路线或闭合路线总长不宜大于 15 km，应依据规范要求对边长及高差进行必要项改正。在实际施测过程中，建议结合实地情况设计边长范围为 $300\sim800$ m，以实现施测精度的最优化。高程导线测量主要技术指标见表 3-8、高程导线垂直角及边长测距主要技术要求见表 3-9。

表 3-8　高程导线测量主要技术指标

等级	每千米高差全中误差/mm	边长/m	观测方式	对向观测高差较差/mm	高程导线(附合、闭合)闭合差/mm	备注
四等	$\leqslant10$	$\leqslant1\,000$	往返	$\pm40\sqrt{D}$	$\pm20\sqrt{\sum D}$	H 为基本等高距；D 为测距边长(km)
图根	$\leqslant\dfrac{1}{10}H$	$\leqslant80$	往/返	—	$\pm40\sqrt{\sum D}$	

表 3-9　高程导线垂直角及边长测距主要技术要求

等级	垂直角观测				边长测量	
	仪器精度	测回数	指标差较差	测回较差	仪器精度	观测次数
四等	2″	4	$\leqslant5″$	$\leqslant5″$	优于 10 mm 级	往返
图根	2″；6″	1；2	$\leqslant10″$；$\leqslant25″$	$\leqslant10″$；$\leqslant25″$	10 mm 级	往/返

2. 高程控制测量作业方法

(1)水准测量。一级、二级、三级导线点的高程宜采用四等水准测量方法获得，也可采用高程导线测量方法获得。四等水准测量和高程导线测量的观测方法参见《城市测量规范》(CJJ/T 8—2011)有关章节，这里不再赘述。图根水准测量使用的水准仪器标称精度不应低于 DS$_{10}$ 级，可按中丝读数法单程观测(支线应往返测)，估读至毫米。仪器至标尺的距离不宜超过 100 m，前后视距离宜相等。路线闭合差不得超过 $\pm40\sqrt{L}$(mm)(L 为路线长度，单位为 km)。图根导线点的高程也可采用高程导线测量方法获得，与导线测量同步进行，仪器高和镜高采用经检验的钢尺量取至毫米。图根水准计算可采用简易平差法，高程计算至毫米。

(2)GNSS 拟合高程测量。GNSS 拟合高程测量应在测区周围和测区内进行水准点联测，且联测水准点的等级应高于 GNSS 拟合高程测量的精度等级，联测的水准点应在测区范围内均匀分布，外围水准点连成的多边形应包含整个测区。

GNSS 基线解算应采用双差相位观测值，以 2 时段数据为一单元，按单基线或多基线模式进行，并采用双差固定解作为最终结果。GNSS 基线解算的起算点坐标，宜优先选用国家或其他高等级控制网点的坐标成果，也可采用单点定位结果，其观测时间应不短于 2 h。若要求观测精度达到等以上，起算点坐标应采用测站或连续运行参站的坐标。GNSS 基线解算的质量检核按有关规定执行，重复基线的大地高高差互差应不大于 $2\sqrt{2}\sigma$。GNSS 网平差应以稳定点为起算点的三维坐标可在 CGCS2000 坐标系、WGS-84 坐标系或国际地球参考框架(ITRF)中表示。

故事链接

我国古代的"水准测量"

在唐代，由于疆域的扩大，我国农业生产与水利事业普遍发展，测量技术也有了长足的进步。唐人李筌在其所著的《太白阴经》中对测量地势所用的"水平"（"水准仪"）有较为详细的记述。这套测量工具由三部分组成，即"水平""照板""度竿"（图3-6）。

水准仪设有水平槽，水平槽的长度为二尺四寸，两头与中间共凿有3个池子，池子的横向长度为一寸八分，纵向长度为一寸，深一寸三分，池与池间相隔一尺五分，中间有通水渠相连，通水渠宽三分，深度与池深相同，各水池中放有浮木，浮木的宽狭略小于池，其厚为三分；浮木上建有"立齿"，齿高八分，宽一寸七分，厚一分。

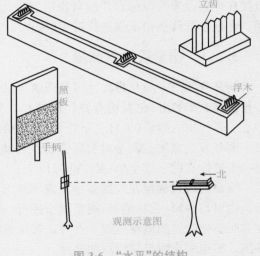

图3-6 "水平"的结构

"照板"是一形如方扇的板，长为四尺，其中下面二尺为黑色，上面二尺为白色，宽为三尺；手柄长一尺。"度竿"即测竿，长二丈，其刻度精确至"分"，共二千分。

观测时，首先将水注入水平槽的池子，三浮木随之浮起，其上的立齿尖端则会保持在同一水平线上，然后观测者即可从立齿尖端水平地瞄望远处的度竿。由于度竿的刻度太小，观测者不能像我们使用现代水准仪那样直接由望远镜读数，于是间接地利用"照板"巧妙地解决了这一问题，即持度竿的人还要握一照板，并将照板在度竿之后方上下移动。当观测者见到板上的黑白交线与其瞄准视线齐平时，则召持板人停止移动，并由持板人记下度竿上所对应的刻度。由于照板目标较大，所以可以测距十步（唐以后，一步等于五尺）或一里，达十几里目力能及之地。由此可见，这套仪器的使用方法与现代水准仪大同小异。

注：1尺约为33.33 cm，1寸均为3.33 cm，1分均为0.33 cm。

典型案例

地下管线是城市的重要基础设施，全面掌握并有效管理地下管线数据，是城市建设与管理的基础，是充分利用和合理开发城市地下空间，确保城市安全、健康发展的客观要求。为保证市区地下管线数据的现势性和完整性，××市启动普查后市区新增地下管线更新测绘工作，更新道路总长为80 km，收集到原有四等水准点30个，能够有效控制本更新区域。预计新增布设图根点约530个。

(1)简述该项目的工作流程。

(2)如何进行质量控制？

案例解答

3.2　管线点测量

管线点(Survey Point of Underground Pipeline)是在调查或探查工作中设立的测点,一般要在地面设置明显标志并编写相应点号,以便正确、清晰地表示地下管线走向和空间关系。在地下管线测量工作进行过程(探查或调查)工作中设立的所有测点,可统称为管线点。

3.2.1　明显管线点测量

明显管线点一般是指实地可见或者地面上的管线及附属设施(物)几何中心(角点)的地面投影点,如窨井(包括检查井、检修井、闸门井、阀门井、仪表井、人孔和手孔等)井盖中心、管线出入地点(上杆、下杆)、电信接线箱、消防栓栓顶等。

明显管线点测量就是对明显管线点的地面标识标志进行平面位置和高程测量,即获取每一个管线点的三维坐标(X, Y, H)。

明显管线点测量在控制测量、数字地形测量和管线点探查作业完成后进行,可独立进行,也可与地形(带状地形)测量同步进行。测量人员根据探查人员提供的探查草图(图上标注有明显管线点的概略位置、点号,管线走向及连接关系等)作为开展管线测量的依据和引导图,实地采集明显管线点的坐标。

3.2.2　隐蔽管线点测量

隐蔽管线点一般是地下管线或地下附属设施在地面上的投影位置,如变径点、变坡点、变深点、变材点、三通点、管线直线段或曲线段的加点等。

目前,隐蔽管线点测量的方法主要有全站仪极坐标法和 GNSS RTK 法、导线串测法等。全站仪极坐标法是目前使用最为普遍、可靠的方法。

使用全站仪极坐标法进行隐蔽管线点测量时,可采用 DJ$_6$ 级全站仪,水平角及垂直角均观测半个测回。设站测量隐蔽管线点时,每站均需有控制点检验,确保测量工作的有效性。仪器高和觇标高量至毫米,测距长度不得大于 150 m。隐蔽管线点的坐标及编号自动记录到全站仪内存。有时根据实际需要,外业观测时利用全站仪内存记录隐蔽管线点的基本观测量(点号、边长、水平角、垂直角、觇标高),内业采用计算机程序计算隐蔽管线点坐标。

在测量过程中,应特别注意仔细检查、核对图上编号与实地点号对应一致,防止错测、漏测和错记、漏记,严格做到测站与镜站一一对应,不重不漏。测量时,司镜员将带气泡的对中杆立于管线点地面标志上(隐蔽管线点以现场标记"+"字为中心,明显管线点测定其井盖几何中心),并使气泡严格居中,观测员快速准确地瞄准目标,测定坐标。

为了确保每个隐蔽管线点的精度,每一测站均对已测点进行相邻测站检查,每站重合点、检查点不少于两点,记录其两次测量结果,计算两次测量差值,重合点坐标差不应大于 5 cm,高程差不应大于 3 cm,若发现误差超限,应查明原因,重新定向,及时进行处理。

测量作业组将当天的外业成果及时传送至计算机,并以日期为文件名保存原始数据。原始数据经编辑、处理、查错、纠错后,另外保存到管线测量数据库中备用。

《城市地下管线探测技术规程》(CJJ 61—2017)关于管线点测量的相关规定如下。

(1)管线点测量内容应包括测定并计算管线点的平面坐标和高程、提供管线点测量成果。(6.3.1)

(2)管线点的平面坐标、高程测量宜采用导线串测法或极坐标法等方法测定，并应符合下列规定。(6.3.2)

①采用导线串测法测量管线点平面坐标的作业方法和要求应符合本规程6.2.2条的规定。

②使用全站仪采用极坐标法测量管线点平面坐标和高程时，水平角和垂直角可观测半测回，测距长度不宜超过150 m，定向边宜采用长边，仪器高和觇牌高量至毫米。

③采用水准测量法测定管线点的高程时，管线点可作为转点；管线点密集时可采用中视法观测。

(3)进行管线点测量时可使用电子手簿记录数据，经检查和处理生成数据文件，并应符合下列规定。(6.3.3)

①数据应进行检查，删除错误数据，及时补测错、漏数据，超限的数据应重测；用经检查完整正确的测量数据，生成管线测量数据文件；数据文件应及时存盘、备份。

②生成的数据文件应包含本规程第5.2节所获得的管线属性数据。

③生成的数据文件应便于检索、修改、增删、通信与交换；数据文献的格式应符合任务规定。

地下管线是城市的重要基础设施，全面掌握并有效管理地下管线数据，是城市建设与管理的基础，是充分利用和合理开发城市地下空间，确保城市安全、健康发展的客观要求。为保证市区地下管线数据的现势性和完整性，××市启动普查后市区新增地下管线更新测绘工作，更新道路总长为80 km，管线点约为30 000个。

(1)简述该项目采用的技术方法。

(2)项目检查的主要内容包括哪些？

案例解答

3.3　地下管线定线测量与竣工测量

3.3.1　地下管线定线测量

1. 地下管线定线测量的技术要求

(1)地下管线定线测量应依据经批准的线路设计施工图和定线条件实施。

（2）条件点测量可采用双极坐标法、前方交会法、导线串测法和卫星定位动态测量方法等。

（3）采用双极坐标法、前方交会法时，点位较差应在±50 mm之内，成果应取用平均值；采用前方交会法时，交会角度宜为30°～150°，且交会距离宜小于100 m；采用导线串测法时，作业方法和精度要求应符合三级导线测量的有关规定；采用卫星定位动态测量方法时，作业方法和精度要求应符合GNSS RTK三级控制点的规定。

（4）现状道路中心线、边线、围墙的测量范围不应小于定线条件中指定范围的2/3，测量道路中心线、路边线的条件点个数不应少于3个，当指定范围内现状道路较长时，宜增加条件点个数。

（5）钢尺量距宜采用单程双次丈量方法，两次量距较差应在±20 mm之内。

（6）测量结果应及时进行计算、检算、整理，并应将所测条件点展绘到地形图上校核。

（7）定线测量资料应包括定线条件、定线沿革、定线成果、工作说明、工作略图、内外业测算手簿、检验报告、附图、原有定线条件及其成果等内容，并应顺序装订成册，作为归档资料的正本；定线成果宜另行装订成册，作为归档资料的副本。

（8）定线沿革应填写本次定线条件下达日期、条件编号、规划道路起止信息和路宽等简明情况。规划道路网的每一条路应分别记录本次定线条件下达日期、条件编号、规划道路起止和路宽等简明情况。

（9）定线测量成果宜包括中线各点点名、坐标、各线段方位角、边长、路宽、含曲线元素的成果略图等内容。

（10）工作说明应简要说明本次定线测量的施测及计算过程，着重说明施测及计算过程中的难点和特殊问题处理过程及处理结果情况；规划道路网的工作说明可分别陈述。

（11）工作略图应表示各相关道路及条件点与本次定线测量的关系；规划道路网工作略图应集中绘制。

（12）规划道路网中每条规划道路的各项资料应与路网内其他道路的相应资料合并后依顺序装订成册。

（13）规划道路全线废除时，应将定线条件装订进正本，并填写定线沿革，副本应撤销；且所有相关规划道路的定线测量资料应变更。

2. 定线测量方法

（1）解析实钉法：根据定线条件或施工设计图中所列待定管线与现状地物的相对关系，实地用经纬仪或全站仪等测量仪器设备定出管线中线位置，然后联测中心线的端点、转角点、交叉点及长直线加点的坐标，再计算确定各线段的方位角和各点坐标。

（2）解析拨定法：根据定线条件和施工设计图，布设导线、测定条件或施工图中所列出的指定的地物点坐标，以推算中心线各主要点坐标及各段方位角。如果定线条件或施工设计图中拟订的是管线各主要点的解析坐标或图解坐标，应先计算出中线各段方位角。然后，用导线点将中线各主要点及直线上每隔50～150 m一点测设于实地，对于直线段各中线点应进行验直，记录偏差数，宜采用作图方法近似地求得最或是直线，量取改正数，现场改正点位。

3. 测定地物点坐标

应在两个测站上用不同的起始方向按极坐标法或前方交会法（两组）测量，交会角应控制为30°～150°。当两组观测值之差小于限差5 cm时，取两组观测值的平均值作为最终观测值。

4. 管线定线计算

管线定线方位可根据需要计算至 1″ 或 0.1″，距离、坐标等单位均为 m。

5. 钉指示桩

管线桩位遇障碍物不能实钉时，可在管线中线上钉指示桩。各桩应写明桩号，指示桩与应钉桩位的距离应在有关资料中注明。

6. 校核测量

在测量过程中，应进行校核测量，包括控制点的校核、图形校核和坐标校核。

(1)校核限差应符合表 3-10 的规定。

表 3-10　校核测量技术要求

适用范围	异站检测点位坐标差/cm	直线方向点横向偏差/cm	条件角验测误差/(″)	条件边验测相对误差
规划线路	≤±5	≤±2.5	60	1/3000
山区一般工程及非规划线路	≤±10	≤±3.5	90	1/2 000

(2)用导线点测设的桩位，若不能采用图形校核，则应在另一导线点(或导线内分点)上后视不同的起始方向测量其坐标进行校核。

3.3.2　地下管线竣工测量

1. 基本要求

(1)新建地下管线竣工测量应尽量在覆土前进行。当不能在覆土前施测时，应设置管线待测点并将设置的位置准确地引到地面上，做好点之记并量测相应的桩距。

(2)新建管线点坐标与高程的施测的技术要求：平面位置测量中误差(m_s)不得大于 50 mm(相对于该管线点起算点)，高程测量中误差(m_h)不得大于 30 mm(相对于该管线点起算点)。

2. 作业方法和步骤

地下管线竣工测量主要工作内容是地下管线调查和测量、资料整理。

地下管线竣工测量应采用解析法进行。地下管线竣工测量应采用符合要求的图根控制点进行施测，也可以利用原定线的控制点施测。

在覆土前应现场查明各种地下管线的敷设状况及在地面上的投影位置和埋深，同时应查明地下管线的种类、材质、规格、载体特征、电缆根数、孔数及附属设施等，绘制草图并在地面上设置管线点标识标志。对照实地，逐项填写"地下管线探查记录表"。

管线点宜设置在管线的特征点及其地面投影位置上。管线特征点包括交叉点、分支点、转折点、变深点、变材点、变坡点、变径点、起讫点、上杆、下杆，以及管线上的附属设施中心点等。在没有特征点的管线直线段上，宜依据不同比例尺设置管线点间距要求，管线点在地形图上的间距≤15 cm；当管线弯曲时，管线点的设置应以能反映管线弯曲特征为原则。

为加强地下管线工程管理，合理开发利用地下管线空间资源，保障地下管线安全运行，保证市区地下管线数据的现势性和完整性，××市住房和城乡建设局开展"新建路"地下管线竣工测量工作，路长为 3.5 km，合同工期为 240 d。其采用方法和流程如下。

（1）地下管线竣工测量应在地下管线覆土前跟踪测定管线点的坐标和高程、管径或断面尺寸，并调查其属性信息。

（2）在道路工程竣工后补测管线点的地面高程（埋深）、有关附属物等信息。

（3）非开挖竣工测量方法采用物探法和惯性定位法等。

请问：

（1）该项目如何进行质量控制？

案例解答

（2）如何进行成果资料检查与验收？

3.4　地形图测绘

为保证地下管线与邻近地物有准确的参照关系，当测区没有相应比例尺地形图或现有地形图不能满足地下管线图的使用要求时，应采用数字测图技术，根据需要重新测绘或对原有地形图进行修测、补测。

有时仅要求对管线两侧的带状地形进行测量，对有管线的街道两侧第一排建筑物、构筑物的轮廓线进行整测或修测。带状地形测量其测图比例尺应与地下管线图比例尺一致，一般为 1∶500 或 1∶1 000。大中城市测图比例尺一般选为 1∶500，其市郊一般选用 1∶1 000；城镇测图比例尺一般选用 1∶1 000。测绘范围依据相关主管部门及使用的要求确定。

带状地形图测绘的宽度：规划道路以测出两侧第一排建筑物或红线外 20 m 为宜；非规划路根据需要确定。

地下管线 1∶500～1∶2 000 比例尺地形图测绘内容按管线需要综合取舍，测绘精度与相应比例尺的基本地形图相同。

3.4.1　全站仪野外数据采集

在进行碎部测量之前，应在图根控制点上设站，进行图根控制点的可靠性检核。一个测站设立较长时间后应进行必要的标定方向检核。使用全站仪（全野外数据）采集地物、地貌信息；在图根控制点上用全站仪在野外施测所有可见的地形、地物点碎部坐标。能够通视的地形地物均应进行数据采集。遇到不规则的地物，应增加地物点的施测密度，以保证地形图精度。

采用全站仪作业时，仪器设置及测站上的观测及检查符合下列规定。

（1）设站时，全站仪的对中误差不应大于图上 0.05 mm。应以较远的一点标定方向，用其他点进行检核。检核偏差不应大于图上 0.2 mm。在每站测图过程中，应检查定向点方向，归零差不应大于 $4'$。

（2）应检查另一测站高程，其较差不应大于 1/5 基本等高距。

（3）仪器高、觇牌高应量记至毫米。定向结束后应对上一测站进行检查，测站与测站之间的检查应不少于 3 点，及时发现定向或使用已知点成果的错误，并及时纠正。

（4）采用数字化成图时，采集的数据应用电子手簿或全站仪内存进行自动记录，并在采集数据的现场按采集数据的顺序实时绘制测站草图。每天将记录数据及时输入计算机，避免数据丢失。采集数据时，测站上仪器自动记录三维坐标和顺序号，镜站记录员同时绘制草图，标注测点编号，并经常以无线对讲机核对编号，以防串号、错号与漏号。对个别通视不好的点采用间接测量方法计算点位坐标。

（5）为保证地形图的精度，采用棱镜片、小棱镜或使用全站仪的免棱镜技术进行碎部采集，同时考虑棱镜常数的影响。

（6）采集数据时，地物点、地形点测距最大长度、高程注记点间距按要求设置。

（7）测绘内容及取舍标准应符合有关要求。

📖 **知识拓展**

管线及附属设施的测绘应符合下列规定。

（1）永久性的电力线、通信线均应准确表示，电杆、铁塔位置应实测。当多种线路在同一杆架上时，只表示主要的线路。城市建筑区内电力线、通信线可不连线，但应在杆架处绘出线路方向。各种线路应做到线类分明，走向连贯。

（2）架空的、地面上的、有管堤的管道均应实测，分别用相应符号表示，并注记传输物质的名称。当架空管道直线部分的支架密集时，可适当取舍。地下管线检修井宜测绘表示。

3.4.2 GNSS RTK 碎部测量

使用 GNSS RTK 法作业时，应符合以下规定。

（1）碎部测量可采用单基准站 RTK 和网络 RTK 两种方法进行。在通信条件困难时，也可以采用后处理动态测量模式进行测量。有条件采用网络 RTK 技术的地区，宜优先采用网络 RTK 技术测量。

（2）RTK 卫星的状态应符合表 3-11 的规定。

表 3-11　观测窗口状态

观测窗口状态	截止高度角 15°以上的卫星个数	PDOP 值
良好	＞5	＜4
可用	5	≤6
不可用	＜5	＞6

（3）经、纬度记录精确至 0.000 01″，平面坐标和高程记录精确至 0.001 m，天线高量取精确至 0.001 m。

（4）GNSS RTK 碎部测量平面坐标转换残差不应大于图上±0.1 mm。GNSS RTK 碎部测量高程拟合残差不应大于 1/10 基本等高距。

（5）GNSS RTK 碎部点测量流动站观测时可采用固定高度对中杆对中、整平，观测历元数应大于 5 个。

（6）GNSS 接收机原始观测记录数据输出的内容应包含点号、三维坐标、天线高、三维坐标精度、解的类型、数据采集时的卫星数、PDOP 值及观测时间等信息。

（7）测量时置信度应设置在 99.9%，在固定解状态且 HRMS≤0.02、VRMS≤0.03 时方可采集数据。

3.4.3 地形图绘制

1. 数据处理一般要求

地形要素测绘内容应包括定位基础、水系及其附属设施、居民地及其附属设施、交通及附属设施、管线、境界与政区、地貌、植被与土质等要素。

（1）水系及其附属物应按实际形状采集。河流应测记水流方向；水渠宜测记渠顶边和渠底高程；堤、坝应测记顶部及坡脚高程；泉、井应测记泉的出水口及井台高程，并标记井台至水面深度。

（2）各类建筑物、构筑物及其主要附属设施均应采集。房屋以墙基为准采集。居民区可视测图比例尺大小或需要适当综合。建筑物、构筑物轮廓凸凹在图上小于 0.5 mm 时，可予以综合。

（3）公路与其他双线道路应按实际宽度依比例尺采集。采集时，应同时采集范围内的绿地或隔离带，并正确表示各级道路之间的互通关系。

（4）地上管线的转角点应实测。当管线直线部分支架线杆和附属设施密集时，可适当取舍。

（5）地貌一般以等高线表示，特征明显的地貌不能用等高线表示时，应以符号表示。高程点一般选择明显地物点或地形特征点，山顶、鞍部、凹地、山脊、谷底及倾斜变换处，应测记高程点，所采集高程点密度应符合相关规定。

（6）斜坡、陡坎比高小于 1/2 基本等高距或在图上长度小于 5 mm 时可舍去，但如果测区斜坡、陡坎普遍分布，应做适当取舍，以表达实地的实际地形地貌现状。当斜坡、陡坎较密时，可做适当取舍，以增强地形图图面的清晰易读性。

（7）一年分几季种植不同作物的耕地，以夏季主要作物为准；地类界与线状地物重合时，按线状地物采集。

（8）居民地、机关、学校、山岭、河流等有名称的应标注名称。

地形、地物的各要素表示方法及取舍原则应按照《1：500 1：1 000 1：2 000 外业数字测图规程》(GB/T 14912—2017)和《城市测量规范》(CJJ/T 8—2011)的要求执行，还应符合《国家基本比例尺地图图式　第 1 部分：1：500 1：1 000 1：2 000 地形图图式》(GB/T 20257.1—2017)的规定。

2. 要素属性内容

要素属性应完整、正确，并包括下列内容。

（1）地理名称、单位名称、门牌号、建筑物的用途、建筑物层数、建筑物的结构、建筑物的高度、水系名称、道路名称和等级、桥名、道路性质等属性信息。

（2）高程点、等高线相应的高程值。

（3）各种点状要素、线状要素的注记文本属性信息。

3. 要素的几何类型和空间拓扑关系

要素的几何类型和空间拓扑关系应正确，并应符合下列规定。

（1）房屋、道路、水系、植被等四类要素宜构成平面，且应分别放置在不同层中。

（2）面状要素应严格封闭，不应有悬挂点；在一个面状要素中宜有唯一标识点，标识点代码应正确，且应落在面内部，不应落在面边界线上或边界外；相邻面状要素的边线应重合；同一层中的面状要素之间不应重叠。

（3）同一层中的线状要素不应自重叠、自相交；构成几何网络的线状要素应保证结点的相交性、连通性。

（4）多边形、线状要素的构成宜完整，不宜破碎。

4. 各种名称注记、说明注记和图例

各种名称注记、说明注记和图例应正确、齐全。注记不宜压盖地物，其字体、字大、字向、单位应符合《国家基本比例尺地图图式　第 1 部分：1：500 1：1 000 1：2 000 地形图图式》（GB/T 20257.1—2017）相关规定（地形图参考示意如图 3-7 所示）。

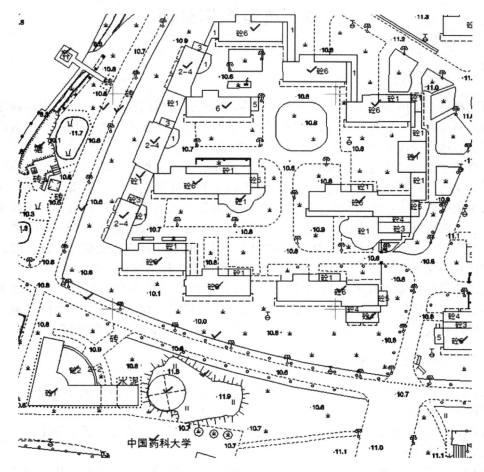

图 3-7　地形图参考示意

为满足国土空间规划、城市建设、管理等领域的信息需求，促进各类基础地理信息的深度挖掘，2020 年度××市规划和自然资源局在 2019 年度的基础上继续对本市 1：1 000 大比例尺地形图（DLG）进行动态更新维护，旨在提高基础地理信息数据的现势性，进而提升基础地理信息服务能力。该项目在市区管辖范围内采用全域巡查更新和个案更新相结合的方式，对大比例尺地形图进行动态维护。全域巡查更新主要采用在完成内业影像比对的基础上，结合实地巡查的方式对更新范围全区域发现变化完成更新。个案更新主要是通过规划审批、数字报建、放验线、规划竣工测量、个案反馈等途径发现变化区域，及时按照要求完成更新。

（1）该项目包括哪些技术指标？

（2）地形图动态更新测绘生产主要包括哪些阶段，其主要工作有哪些？

案例解答

3.5　典型案例分析

3.5.1　案例背景

岳西县属于安徽省安庆市下的一个代管县，地处安徽西南部，且处于大别山腹地，长江与淮河横穿此地，邻接湖北省，为国家园林县城。此次测量工作的主要范围包括岳西县县城城区、莲云经济开发区、温泉开发区、响肠循环经济产业园。

此次测量区域中的地下管线涵盖了给水、雨水、污水、燃气、电力、通信、路灯、有线电视、交通信号管线及公共监控与国防专用线缆等多种类别，而且管线大多铺设在市区主、次干道中的快、慢车道与人行道下，分布较为集中且复杂。其中，电力管线管沟相对较深，有一部分管沟中存有比较深的积水，整体不存在明显点出露，从而不能准确判断管线的实际位置。燃气管线大多由 PE 材料和 PVC 材料构成，没有探测信号，且一部分给水管线在信号传递方面的功能不佳，埋深很大，这使测量工作面临较高难度。

此次测量是保障市政基础设施安全高效运行的需要，将为今后新建、改造地下管网（线）时提供重要依据，避免重复开挖、重复投资，是规范工程建设行为必要的保障。对该县今后经济社会发展、防灾减灾及城镇安全稳定运行具有深远的意义和作用。

3.5.2　存在的问题

（1）在实行城市地下管线测量时，有时间和技术上的限制，许多地下管线分布的资料档案已经遗失，并且难免发生通信中断、停水停电等问题。

（2）由于缺乏详细的地下管线资料，所以在工程项目开展过程中，无法制定合理、科学的施工方案，十分不利于后续施工活动的开展。

（3）城市地下管线来源非常复杂，并且统计内容不够明确、界限模糊不清，这给地下管线的测量、规划工作造成一定的负面影响。

3.5.3 分析问题

(1)RTK 技术具有实时定位的功能，其是以 GPS 为基础加以改造衍生而来的一类技术，通过把无线电、动态测量与数字通信技术加以融合，在实际运用时实现对每项技术优点、缺点互补，从而做到对被测对象的准确测量。在运用此项技术进行测量时，可以确保每次数据均不会受到上次信息的影响，不会发生累积性误差，有较高的测量准确度。同时，该技术的操作也十分简便，不易受到外部环境干扰，能够实行全天候工作。

(2)全站仪测绘技术是当前地下管线测量中常用的一项测绘技术，利用此技术能够实现对地理地质环境的透视化测量，从而确保测量结果精准、可靠。另外，此项技术在测量期间也具有较多优势，比如，不容易受到外部因素的干扰，无论是高大树木还是砂石建筑体，均能运用此技术来完成准确的透视化测量工作。在此技术的实际运用过程中，还具备测量结果精确度高、工作效率高等多项优点，对于不同环境也具有非常强的适应能力。

(3)使用图根水准或者高程导线测量法进行地下管线测量时，需要设置附合路线的形式，通常不可大于两次附合，若在某些地区因为地形限制而不能正常设置附合路线，则可设置支线，但不得进行二次延伸布设。图根水准需要起闭于等级水准点或经等级水准联测控制点，应用级别不低于 DS_{10} 的水准仪，结合普通水准尺进行单程观测，将读数精度设为毫米，实际观测时务必使用尺垫。

3.5.4 经验总结

测量精度是地下管线测量过程中非常关键的一项因素。在实施测绘工作时，需要重点注意对测量结果精度的提升。面对地形较为复杂的区域，需要合理增加控制点的数目，对于全站仪控制点，需要保证两点以上通视，还要尽可能地减少支站，点位需要选取在偏高、易于保存、不易受外界因素影响的位置，并且还应当尽可能做到满足 RTK 测量时基准站对于控制点设置的各项要求。为了有效降低设备误差对测量结果的影响，在测量过程中需要选取精度较高、性能较强、运行稳定性好、不易受外界环境干扰的设备。运用 RTK 技术时，一定要是在固定解状态下观测，而且尽可能在早晨或下午的时间段进行观测。使用全站仪进行观测时，需要尽可能避免选取温差变化过大的时间段，还应当仔细处理遮挡物对观测结果的影响。

复习思考题

一、填空题

1. 管线点分为_____和_____两类。

2. 地下管线点空间位置测量包括_____和_____。

3. 管线点平面位置测量中误差不应大于_____。

4. 隐蔽管线点埋深中误差不应大于_____。

5. 对于规划道路，一般测出两侧第一排建筑物或红线外_____ m 为宜。

二、判断题

1. 水平测量误差允许值为 0.25 m。 （ ）

2. 质量检查包括外业检查(采集数据的检查)和内业检查(成果资料检查)。 （ ）

3. 进行管道安装测量工作时，每间隔 30～50 m 应做一次支导线测量。　　　(　　)

4. 平面控制点的等级不应低于三级。　　　(　　)

5. 永久性的电力线、通信线均应准确表示，电杆、铁塔位置应实测。　　　(　　)

三、简答题

1. 阐述简易工程平面控制测量和高程控制测量的常用方法。

2. 确定管线特征点位置有哪些技术要求？

3. 分析新建管线定线测量与竣工测量的联系与区别。

4. 阐述地形图的绘制内容和基本要求。

项目 4
地下管线数据处理与成果编制

教学要求

知识要点	能力要求	权重
概述	了解地下管线测量数据处理与成果编制工作流程；掌握管线种类代码及属性的规范填写方法	20%
建立管线数据库	掌握建立属性数据库、空间数据库的方法；掌握管线数据库的合并方法；掌握管线数据库的检查与查错方法	30%
整理地形图	掌握地形图的内容；能够整理地形图	10%
编绘地下管线图	了解地下管线图编绘的原则；掌握地下管线图编绘的内容；掌握地下管线图的图面整饰；掌握地下管线图的质量检查	20%
输出地下管线成果表	掌握地下管线成果表的编制应遵循的原则；能够输出地下管线成果表	10%
管线成图系统	能够运用管线成图系统进行地下管线数据处理与地下管线图编绘	10%

任务描述

　　地下管线外业工作(地下管线探测和地下管线测量)完成后，需要通过专业地下管线数据处理软件对获得的地下管线数据进行处理，包括数据文件编辑、地下管线图形文件编绘、地下管线成果表编制、地下管线数据标准化等。在此基础上，编制综合地下管线图、专业地下管线图(纸质及电子)、地下管线断面图、分幅图(图幅结合表)、地下管线成果表等。

　　地下管线探测内业人员首先应合并属性数据和空间数据，然后进行数据库错误检查，输出地下管线成果表，建立最终管线数据库及编绘最终地下管线图，最后提交最终成果资料。地下管线探测从业人员应具备地下管线数据处理与成果编制的能力。

职业能力目标

　　开展地下管线探测数据处理与成果编制等相关工作，需要了解地下管线数据处理与成果编制的工作流程、工作内容和基本要求，能够操作专业地下管线数据处理软件进行地下管线数据的处理，完成成果编制。学习完本项目内容后，应该达到以下目标：

　　(1)了解地下管线测量数据处理与成果编制工作流程；

（2）掌握管线种类代码及属性的规范填写方法；

（3）熟悉数据结构和数据的标准化；

（4）掌握建立属性数据库、空间数据库的方法；

（6）掌握数据库的合并方法；

（7）掌握数据库的检查与查错方法；

（8）掌握地形图的内容；

（9）能够运用管线成图系统进行地下管线数据处理与地下管线图编绘。

⊕ 典型工作任务

认识地下管线测量数据处理与成果编制的工作流程，掌握管线种类代码及属性的规范填写方法，掌握建立属性数据库、空间数据库的方法、合并数据库的方法及数据库的检查与查错方法，学习管线成图系统进行地下管线数据处理与地下管线图编绘。

📖 情境引例

她是同事眼中的"女强人"，踏实、认真，对工作一丝不苟，她曾因项目需要，驻扎业主单位近 200 d。在她看来，自己只是一名致力于油气管道信息化建设的普通从业者，但她以精益求精的专注、孜孜不倦的干劲，诠释着新时代地质测绘工作者的责任与担当，她就是"陕西省劳动模范"、中煤航遥感集团地理信息分公司副总工程师赵淑媛——致力于为我国油气管道数据赋予生命的行者。

"任何决策都离不开数据的支撑。作为一名管道数据从业者，我希望通过我们的努力，为油气管道企业构筑管道数据资产库。"虽然任务艰巨，但赵淑媛和她的团队一直在努力朝着这个目标迈进。

管道焊口 X 光片是管道建立之初留下的重要影像资料，被存放在暗室里，保存期限一般不超过 7 年，待紧急使用时再从暗室调取。无损检测相当于对管道焊口进行全身体检，X 光片相当于焊口的"体检报告"，记录了焊口的各种属性信息，对后期管道运行维护起着至关重要的作用。在 2008 年之前，油气管道行业对焊口 X 光片的利用率并不高，伴随着管道数字化、智能化的推进，焊口 X 光片数字化的重要性日益凸显。对焊口 X 光片进行扫描后，可建立与实体焊口一致的管道数字化资产，永久保存。一旦遇到紧急情况，可以随时通过电子调阅，发挥"体检报告"的作用，从而对紧急突发情况做出及时处理。

赵淑媛带领团队抢抓机遇，借助地理信息分公司在油气管道行业积累的专业优势，开展了管道焊口 X 光片数字化业务，将数字化成果录入数据资产库数据库，并与焊口进行关联，实现数据共享、快速调阅，为数据综合利用、远程评片、焊缝缺陷智能识别奠定了基础，"让存放在暗室里的数据活起来，充分发挥其作用，更好地服务管道数字化、智能化建设"。赵淑媛说，截至目前，地理信息分公司已积累 10 万余道焊口的数字化 X 光片。

多年来，赵淑媛和她的团队致力于管道安全信息化建设，特别是在管道数据资产库构建、盘活数据资产方面取得了显著成果，打破了以往油气管道行业"数据孤岛"的现象。凭借专业优势和良好口碑，地理信息分公司与全国 60 家客户建立了良好的业务关系，覆盖 30 个省份的 10 多万千米的油气管道数据资产，不仅为油气管道各类应用系统建设提供了数据保障，还为油气管道数字化、智能化发展奠定了坚实基础。

4.1 概述

地下管线数据处理与成果编制是指在地下管线外业工作(地下管线探测和地下管线测量)完成后，通过数据处理软件对获得的地下管线数据(属性数据和空间数据)进行处理，最终输出地下管线成果的环节。本阶段成果编制通常包含综合地下管线图、专业地下管线图、地下管线断面图、分幅图(图幅结合表)、地下管线成果表、地下管线数据库等。

地下管线数据处理应在地下管线外业工作完成后并经检查合格的基础上进行，地下管线成果应在地下管线数据处理工作完成后并经检查合格的基础上编制。地下管线数据处理与成果编制工作流程如图 4-1 所示。

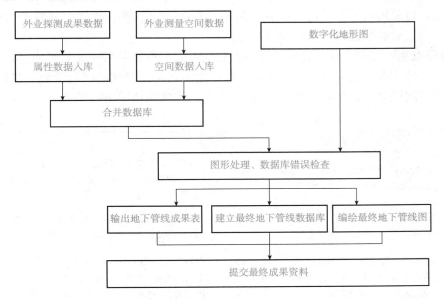

图 4-1　地下管线数据处理与成果编制工作流程

4.1.1　地下管线数据处理

地下管线数据处理包括数据文件编辑、地下管线图形文件编绘、地下管线成果表编制、地下管线数据标准化等。地下管线数据处理工作数据量大、内容多，同时涉及物探、测量和计算机等方面的知识，是一项繁杂的工作。因此，地下管线数据处理一般采用专业地下管线数据处理软件进行。

1. 管线类别代码

城市地下管线的分类按管线大类和小类分别表示，管线类别代码一般情况下采用汉语拼音首字母表示，具体编码参考《城市综合地下管线信息系统技术规范》(CJJ/T 269—2017)。其中，依据各个城市的实际情况又会制定相对应的地方标准，其地下管线的分类与代码会有差异，在进行数据处理时，应结合国家、行业的规程规范要求，依据各地方标准进行处理。

(1)电力管线(DL)：供电(GD)、路灯(LD)、交通信号(XH)等；

（2）给水管线（JS）：输水（SS）、中水（ZS）等；

（3）排水管线（PS）：雨水（YS）、污水（WS）、合流（HS）；

（4）燃气管线（RQ）：天然气（TR）、液化石油气（YH）、人工煤气（MQ）；

（5）热力管线（RL）：蒸汽（ZQ）、热水（RS）；

（6）通信管线（TX）：有线电视（DS）、电信（DX）、移动（YD）、电力通信（DT）、监控（JK）、军用（JY）等；

（7）工业管线（GY）：乙炔（YQ）、油料（YL）；

（8）其他管线（QT）：综合管廊（ZH）、不明管线（BM）。

2. 属性编辑

管线属性包括各种地下管线的敷设状况、在地面上的投影位置和埋深、连接关系，地下管线的种类、性质、规格、材质和附属设施等。在进行地下管线探测时，由外业人员现场同步记录，可采用电子手簿记录或者绘制工作草图。地下管线数据中的各个属性填写要符合规范，为之后数据处理的标准化做准备。

（1）特征点和附属物。管线特征点是表示管线走向、连接关系特征的管线点，包括起止点、转折点、分支点、交叉点、变径点等；管线附属物是指管线的附属设施，包括检查井、人孔、手孔、阀门等。具体可以参考表 4-1，根据工程实际情况进行扩充。

表 4-1　管线特征点和附属物编辑说明

管线种类	特征点	附属物
电力	转折点、分支点、预留口、非普查、入户、一般管线点、井边点、井内点等	检查井、变电站、配电室、变压器、人孔、手孔、通风井、接线箱、路灯控制箱、路灯、交通信号灯、地灯、线杆、广告牌、上杆等
通信	转折点、分支点、预留口、非普查、入户、一般管线点、井边点、井内点等	人孔、手孔、接线箱、电话亭、监控器、无线电杆、差转台、发射塔、交换塔、上杆等
给水	测压点、测流点、水质监测点、变径、出地、盖堵、弯头、三通、四通、多通、预留口、非普查、入户、一般管线点、井边点、井内点等	检修井、阀门井、消防井、水表井、水源井、排气阀、排污阀、水塔、水表、水池、阀门孔、泵站、消防栓、阀门、进水口、出水口、沉淀池等
排水	变径、出地、拐点、三通、四通、多通、非普查、预留口、一般管线点、井边点、井内点、沟边点等	污水井、雨水井、雨箅、污箅、溢流井、阀门井、跌水井、通风井、冲洗井、沉泥井、渗水井、出气井、水封井、排水泵站、化粪池、净化池、进水口、出水口、阀门等
燃气	变径、出地、盖堵、弯头、三通、四通、多通、非普查、预留口、入户、一般管线点、井边点、井内点等	阀门井、检修井、阀门、压力表、阴极测试桩、波形管、凝水缸、调压箱、调压站、燃气柜、燃气桩、涨缩站等
热力	变径、出地、盖堵、弯头、三通、四通、多通、非普查、预留口、入户、一般管线点、井边点、井内点等	检修井、阀门井、吹扫井、阀门、调压装置、疏水阀、真空表、固定节、安全阀、排潮孔、换热站等
工业	变径、出地、盖堵、弯头、三通、四通、多通、非普查、预留口、入户、一般管线点、井边点、井内点等	检修井、排污装置、动力站、阀门等
其他管线	变径、出地、三通、四通、多通、预留口、非普查、一般管线点、井边点、井内点等	检修井、出入口、投料口、通风口、排气装置等

(2)管线材质。管线材质是指构成管线自身的组成材料并按一定规则命名的统称。管线材质要按照相关规范填写，可以根据工程实际需要进行扩充，同时新增到专业地下管线数据处理软件的配置文件中。管线材质编写规则具体见表 4-2。

表 4-2　管线材质编写规则

管线大类	材质
电力	铜、铝、铝/光、铜/光、混凝土、光纤、塑料、铸铁、砖混、钢
通信	光纤、铜、铜/光、混凝土、钢、塑料、铸铁、砖混
给水	钢、塑料、混凝土、铸铁、玻璃钢、砖混
排水	混凝土、陶瓷、PVC、钢、玻璃钢、塑料、铸铁、砖混、混凝土模块
燃气	钢、玻璃钢、铸铁、PE、混凝土、砖混
热力	钢、塑料、混凝土、砖混
工业	钢、混凝土、塑料
其他管线	混凝土、砖混

4.1.2　成果编制

地下管线成果编制是在地下管线数据处理工作完成并经检查合格的基础上进行的，由内业人员通过专业地下管线数据处理软件完成。地下管线成果主要包括地下管线数据库、地下管线成果表和地下管线图。

(1)地下管线数据库：是指按照规定的数据结构来组织、存储和管理地下管线数据的地下管线数据集合。地下管线数据库的输出，必须经过数据处理软件的质检，保证数据库的数据的正确性、一致性和有效性。

(2)地下管线成果表：依据探测成果编制，是对管线点原始调查成果的反映，地下管线成果表的编制内容及格式要符合规范的规定。

(3)地下管线图：根据内容的不同可分为综合管线图、专业管线图和地下管线断面图。

4.2　建立地下管线数据库

地下管线数据库是地下管线普查、修测、工程竣工验收测量和动态更新的重要组成部分，应符合地下管线信息系统及地下管线工程建设信息查询、输出等应用需求，并应建立系统和数据的维护更新机制。

地下管线数据库的建立过程包括数据结构设计、数据处理、数据检查、数据入库等。地下管线数据库按专题以分层方式管理各类数据，或按对象关系模型组织数据，并建立统一的命名规则。地下管线数据库的数据内容应包括地下空间数据和属性数据。

4.2.1　数据结构

数据结构规定了地下管线数据库的字段数量、字段名称、字段长度、数据类型、约束条件等。数据结构以数据表的形式表达，数据表一般包含管线点表、管线线表、辅助点表、辅助线表、注记表等。

1. 数据表命名

表名一般以管线小类代号和数据类型的中文拼音首字母与关键字的英文组合表示，也可以管线大类＋小类代码和数据类型的中文拼音首字母与关键字的英文组合表示。前者见表 4-3，＊＊为管线小类代号，后者则在表名前字符添加大类代码。

表 4-3　数据表命名说明

表名	说明	管线要素类型
** POINT	点表	点
** LINE	线表	线
** FZPOINT	辅助点表	点
** FZLINE	辅助线表	线
** TEXT	注记表	点
ZHPOINT	综合管廊(沟)点表	点
ZHLINE	综合管廊(沟)线表	线

2. 数据表结构

(1)管线点表。管线点表主要记录管线点的属性信息，主要字段包括管线点编号、分类代码、坐标、地面高程、特征、附属物、使用状态、权属单位、所在道路等，可根据工程实际需要进行扩充。具体见表 4-4。

表 4-4　管线点表结构说明

序号	字段名称	数据类型	字段长度	约束条件	备注
1	管线点编号	字符型	8	必填	唯一标识号
2	分类代码	字符型	7	必填	
3	X 坐标	数值型	12，3	必填	精度为 3 位小数，单位为 m
4	Y 坐标	数值型	12，3	必填	精度为 3 位小数，单位为 m
5	地面高程	数值型	8，3	必填	精度为 3 位小数，单位为 m
6	特征	字符型	10	选填	特征与附属物必填一个
7	附属物	字符型	10	选填	
8	井底深度	数值型	5，2	选填	精度为 2 位小数，单位为 m
9	井盖材质	字符型	10	选填	铸铁、混凝土、塑料等
10	井盖规格	字符型	20	选填	井盖的直径或长×宽，单位为 cm
11	偏心点号	字符型	8	选填	偏心井位的管线点编号
12	权属单位	字符型	10	选填	统一编码
13	符号角度	数值型	5，2	选填	点符号的旋转角度值，单位为弧度
14	所在道路	字符型	20	选填	
15	采集单位	字符型	40	必填	
16	采集日期	日期型	8	必填	YYYYMMDD
17	入库日期	日期型	8	必填	YYYYMMDD
18	备注	字符型	50	选填	

(2)管线线表。管线线表主要登记管线段的信息，主要字段包括反映管线连接关系的点

号、埋深、高程、管线材质、敷设方式、断面尺寸、敷设年代、权属单位、管线线型等，可根据工程实际需要进行扩充。具体见表4-5。

表 4-5　管线线表结构说明

序号	字段名称	数据类型	字段长度	约束条件	备注
1	管线段编号	字符型	17	必填	起点编号+"—"+终点编号
2	起点编号	字符型	8	必填	—
3	终点编号	字符型	8	必填	—
4	起点埋深	数值型	8，3	必填	精度为3位小数，单位为 m
5	终点埋深	数值型	8，3	必填	精度为3位小数，单位为 m
6	起点高程	数值型	8，3	必填	精度为3位小数，单位为 m
7	终点高程	数值型	8，3	必填	精度为3位小数，单位为 m
8	管线材质	字符型	6	必填	—
9	敷设方式	字符型	6	必填	敷设方式代号
10	断面尺寸	字符型	20	必填	管径或断面长×宽，单位为 mm
11	敷设年代	字符型	4	选填	YYYY
12	权属单位	字符型	10	选填	统一编码，以"/"分割多个权属
13	分类代码	整型	7	选填	—
14	管线线型	字符型	8	必填	线型代号
15	电缆条数	字符型	6	选填	—
16	电压	字符型	10	选填	—
17	压力	字符型	10	选填	—
18	总孔数	字符型	10	选填	—
19	已用孔数	字符型	10	选填	—
20	流向	字符型	2	选填	"0"表示起点流向终点 "1"表示终点流向起点
21	使用状态	字符型	6	选填	正常、预留、废弃
22	所在道路	字符型	20	选填	—
23	采集单位	字符型	40	必填	—
24	采集日期	日期型	8	必填	YYYYMMDD
25	入库日期	日期型	8	必填	YYYYMMDD
26	备注	字符型	50	选填	—

　　（3）辅助点表。辅助点表的主要字段包含点号、分类代码、坐标、地面高程、所在道路等，可根据工程实际情况需要进行扩充。具体见表4-6。

　　（4）辅助线表。辅助线表的主要字段包括点号、管类归属、要素类别、设施类型、敷设年代、所在道路等，可根据工程实际情况出发进行扩充。具体见表4-7。

　　（5）注记表。注记表的主要字段包含标注字符串、注记定位点空间位置、注记角度等，可以根据工程实际需要进行扩充。具体见表4-8。

表 4-6 辅助点表结构说明

序号	字段名称	数据类型	字段长度	约束条件	备注
1	点号	字符型	8	必填	唯一标识号
2	分类代码	字符型	7	选填	—
3	X 坐标	数值型	12，3	必填	精度为 3 位小数，单位为 m
4	Y 坐标	数值型	12，3	必填	精度为 3 位小数，单位为 m
5	地面高程	数值型	8，3	必填	精度为 3 位小数，单位为 m
6	符号角度	数值型	5、2	选填	点符号的旋转角度值，单位为弧度
7	所在道路	字符型	20	选填	—
8	采集单位	字符型	40	必填	—
9	采集日期	日期型	8	必填	YYYYMMDD
10	入库日期	日期型	8	必填	YYYYMMDD
11	备注	字符型	50	选填	—

表 4-7 辅助线表结构说明

序号	字段名称	数据类型	字段长度	约束条件	备注
1	起点点号	字符型	8	必填	唯一标识号
2	终点点号	字符型	8	必填	唯一标识号
3	管线类型	字符型	2	选填	管线代号
4	分类代码	字符型	7	选填	—
5	设施类型	字符型	20	选填	窨井边线、管沟边线
6	线型代码	整型	1	必填	0—实线；1—虚线
7	敷设年代	字符型	4	选填	YYYY
8	所在道路	字符型	20	选填	—
9	采集单位	字符型	40	必填	—
10	采集日期	日期型	8	必填	YYYYMMDD
11	入库日期	日期型	8	必填	YYYYMMDD
12	备注	字符型	50	选填	—

表 4-8 注记表结构说明

序号	字段名称	数据类型	字段长度	约束条件	备注
1	标注字符串	字符型	50	必填	注记内容
2	定位点的 X 坐标	数值型	12，3	必填	单位为 m
3	定位点的 Y 坐标	数值型	12，3	必填	单位为 m
4	注记角度	数值型	6，2	必填	单位为弧度

（6）综合管廊（沟）点表。综合管廊（沟）点表的主要字段主要包括点号、坐标、高程、分类代码、所在道路等，可以根据工程实际需要进行扩充。具体见表 4-9。

表 4-9　综合管廊(沟)点表结构说明

序号	字段名称	数据类型	字段长度	约束条件	备注
1	点号	字符型	8	必填	唯一标识号
2	X 坐标	数值型	12，3	必填	精度为 3 位小数，单位为 m
3	Y 坐标	数值型	12，3	必填	精度为 3 位小数，单位为 m
4	地面高程	数值型	8，3	必填	精度为 3 位小数，单位为 m
5	分类代码	字符型	7	选填	—
6	所在道路	字符型	20	选填	—
7	采集单位	字符型	40	必填	—
8	采集日期	日期型	8	必填	YYYYMMDD
9	入库日期	日期型	8	必填	YYYYMMDD
10	备注	字符型	50	选填	—

(7)综合管廊(沟)线表。综合管廊(沟)线表的主要字段包括综合管廊(沟)连接关系的点号、埋深、断面尺寸、材质、管廊类型、管廊舱数、廊(沟)内管线类型、敷设年代、所在道路等，可根据工程实际需要进行扩充。具体见表 4-10。

表 4-10　综合管廊(沟)线表结构说明

序号	字段名称	数据类型	字段长度	约束条件	备注
1	起点点号	字符型	8	必填	唯一标识号
2	终点点号	字符型	8	必填	唯一标识号
3	起点埋深	数值型	8，3	必填	精度为 3 位小数，单位为 m
4	终点埋深	数值型	8，3	必填	精度为 3 位小数，单位为 m
5	断面尺寸	字符型	20	必填	断面长×宽，单位为 mm
6	材质	字符型	10	必填	—
7	管廊类型	字符型	20	选填	分为干线综合管廊、支线综合管廊等
8	管廊舱数	数值型	2	选填	单舱为"1"，双舱为"2"，依此类推
9	廊(沟)内管线	字符型	20	必填	管线代号；多种管类时，以"/"分隔
10	敷设年代	字符型	4	选填	YYYY
11	所在道路	字符型	20	选填	—
12	运维单位	字符型	40	选填	—
13	采集单位	字符型	40	必填	—
14	采集日期	日期型	8	必填	YYYYMMDD
15	入库日期	日期型	8	必填	YYYYMMDD
16	备注	字符型	50	选填	—

4.2.2 数据标准化

在地下管线管理系统建设过程中，数据标准化是指对地下管线进行分类和编码。数据分类和编码的一致性，直接影响地下管线管理系统的规范性、实用性、未来数据的完整性、共享性等，以及数据的更新和维护。数据标准化一般是在数据库修改完成的基础上进行的。

1. 管线点号

管线点号是管线点的标注，是外业探测时用来区分管线点的标识，在一个测区内具有唯一性。管线点号一般按管线点编号表示，采用8位结构，具体形式为"管线代码＋小组号码＋顺序号"，其中前2位采用管线小类代号，后6位数字中前2位为外业人员的小组号，后4位为管线点顺序号的顺序码，具体如图4-2所示。

××　　××　　××××

管线小类代码　小组号　自然顺序号

图4-2　管线点编号结构

2. 管线段编码

地下管线的管线段采用起点编号＋终点编号组合编码，一般采用17位表示，其中，第1～第8位为起点编号，第9位为连接符"-"，第10～第17位为终点编号。

3. 管线线型

地下管线的线型应进行统一分类和编码，管线线型类型分为非空管段、预埋空管、沟内管段、廊内管段、井内管段、架空管段、废弃管段、其他。采用其中文名称简称的汉语拼音首字母组合进行编码，可根据工程实际需要进行扩充。具体见表4-11。

表4-11　管线线型填写说明

序号	线型名称	线型简称	线型式样	代号	备注
1	非空管段	非空	————	FK	实线
2	预埋空管	空管	- - - - - -	KG	虚实比例为1:2
3	沟内管段	沟内	· · · · · ·	GN	虚实比例为1:1
4	廊内管段	廊内	· · · · · ·	LN	虚实比例为1:1
5	井内管段	井内	—	JN	井内线型不表示
6	架空管段	架空	■—■—■—■	JK	线上符号间隔为3 mm
7	废弃管段	废弃	—×—×—	FQ	虚实比例为1:5
8	其他	其他	————	QT	实线

4. 敷设方式

地下管线的敷设方式是指地下管线施工的方式或工艺。敷设方式有直埋、管块、套管、管沟等。地下管线的敷设方式代号采用其中文名称汉语拼音的首字母组合进行编码，可以根据工程实际需要进行扩充。具体见表4-12。

表 4-12　地下管线敷设方式说明

序号	敷设方式	代号
1	直埋	ZM
2	管块	GK
3	套管	TG
4	管廊	GL
5	管沟	GG
6	架空	JK
7	其他	QT

5. 管线要素分类编码

管线要素分类编码是在管线分类基础上，按照功能或用途进行分类。管线要素分类编码由管线的基础地理信息要素代码、管线分类代码和管线要素代码组成，用 8 位数字表示，具体规定可参考《城市地下管线探测技术规程》(CJJ 61—2017)中相关条文和附录，如图 4-3 所示。

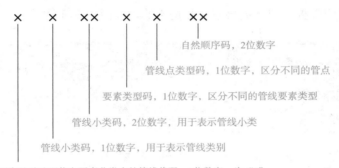

图 4-3　管线要素分类编码结构

第 1 位是国家基础地理信息要素分类中的管线代码，1 位数字，为"5"；

第 2 位是管线大类码，1 位数字，用于表示管线类别；

第 3、4 位是管线小类码，2 位数字，用于表示管线小类；

第 5 位是要素类型码，1 位数字，区分不同的管线要素类型(1——线，2——点，3——面)；

第 6 位是管线点类型码，1 位数字，区分不同的管点；

第 7、8 位是自然顺序码，2 位数字。

4.2.3　属性数据库的建立

属性数据主要分为管线点数据和管线线数据。管线点数据主要包括管线点编号、管线类别(性质)、管线点特征、附属物、井深等；管线线数据主要指管线的权属单位、管线起始点号、管线连接点号、管线类别(性质)、材质、规格(直径或断面尺寸)埋深、电缆条数、孔数(总孔数、已用孔数)、管线的埋设时间等。根据用途和要求不同，不同城市对属性数据的要求也不同，具体的可以根据实际情况确定。

建立属性数据库文件，要借助专业的数据处理软件，通过数据导入功能，形成属性数据库。数据的来源主要有以下 3 种。

(1)通过外业探查工作图(工作草图)的属性录入，如图 4-4 所示。

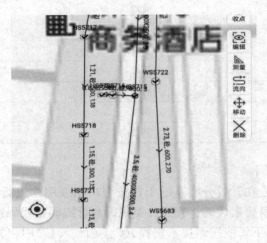

图 4-4　探查工作图

(2)收集的管线数据，包括成果表和数据库等，如图 4-5 所示。

所有 Access 对象

表：点表、线表

线表

代码	要素识别号	要素编码	图幅号	工程编号	起点点号	终点点号	起点埋深	终点埋深	起点地面标	终点地面标
TR					TR8005	TR0253	1.11	1.17	4.39	4.354
TR					TR7062	TR1501	.95	.83	1.69	6.632
TR					TR7041	TR1321	.89	.89	7.415	7.414

点表

代码	要素识别号	要素编码	图幅号	图上点号	物探点号	测量点号	工程编号	X坐标	Y坐标	地面高程
TR			51.25-94.25	TR13	TR0889			51336.542	94448.143	5.722
TR		5503011	51.50-94.25	TR5	TR0870			51546.531	94318.965	5.871

图 4-5　收集的管线数据

(3)通过管线数据采集系统(如绘管通 App)导出的管线属性库，如图 4-6 所示。

A	B	C	D	E	F	G	H	I	J	K	L	M	N	O
代码	管线点号	连接点号	起点埋深	终点埋深	管线类型	管线分级	管线子类型	特征	附属物	井深	井盖材质	管径或断面	流向	电压
YS	YS3951	YS3950	2.95	3	排水		雨水		非普查			1200	0	
YS	YS3952	YS3950	1.26	1.6	排水		雨水		雨水篦			300	0	
YS	YS3950	YS3953	2.97	2.73	排水		雨水		检修井			1200	0	
YS	YS3954	YS3953	0.52	1.18	排水		雨水		雨水篦			300	0	
YS	YS3956	YS3955	0.56	1.1	排水		雨水		雨水篦			300	0	

图 4-6　通过绘管通 App 导出的管线属性库

建库工作量巨大，操作人员要仔细、认真地检查核对，防止数据录入错误，录入的数据要及时存盘备份。

4.2.4　空间数据库的建立

空间数据是指管线点的平面位置、高程等参考基准和空间坐标信息，即管线点的三维坐标。空间数据库就是管线点的坐标数据文件。

实际作业时，操作人员应把每天的测量数据，利用通信软件将存储在全站仪上的管线点坐标传输到计算机中，编辑后形成测点坐标文件。通过数据处理软件，利用管线点号的一致性，把坐标导入管线点表。测点坐标文件一般为文本文件格式(如 *.txt)。数据内容如下。

管线点号，X 坐标，Y 坐标，高程

1，x_1，y_1，h_1

2，x_2，y_2，h_2

3，x_3，y_3，h_3

n，x_n，y_n，h_n

4.2.5　数据库的合并

数据库的合并有两种：一种是属性数据库和空间数据库的合并；另一种是不同小组的数据库的合并。

1. 属性数据库与空间数据库的合并

属性数据库和空间数据库的关键字是管线点号。利用专业软件提供的数据合并功能，将测量坐标自动追加（合并）到属性库中，把属性数据库与空间数据库按照管线点一一对应的原则合并成一个完整的地下管线数据库。

在此过程中，可能会出现缺坐标、连接关系错误、缺属性等错误，需要外业人员配合内业人员进行修改。

（1）缺坐标。出现缺坐标的原因，可能是测量时点号输入错误或者外业测量时漏测坐标，如果是点号输入错误，就需要内业人员通过成图软件图库联动修改点号；如果是外业测量漏测坐标，则需要外业人员根据草图实地补测坐标。

（2）连接关系错误。根据外业草图的记录，图库联动修改连接关系。

（3）缺属性。外业录入信息时，可能会存在遗漏录入信息的情况，导致成图时出现管线不连贯、漏管线的情况，这时就需要根据工作草图，补充遗漏的管线记录，保证数据的完整性。

2. 不同小组数据库的合并

一个项目通常分为多个作业区，由多个作业组同时作业，后期合并数据库，形成一个总的数据库。不同作业组的数据库合并，应注意数据结构的一致性。在数据处理过程中，利用数据处理软件中的数据库合并功能，把两个以上的数据库合并成一个最终的数据库，其中会出现数据重叠、连接关系错误和数据库接边错误的问题。

（1）数据重叠。不同小组同时作业，为了后期数据库合并，在分界线处会重现重叠部分，这时候就需要对重叠的数据进行删减。

（2）连接关系错误。不同小组之间的数据库合并后，可能会出现连接关系错误，这通常是因为管线点号重名，为了解决这个问题可以给每个作业小组分配一个组号。

（3）数据库接边错误。不同小组的数据库合并起来，会出现管线不连贯的情况，内业人员要对数据进行接边。通过数据处理软件和外业人员的协助，对不同小组的地下管线数据库进行接边处理，必要时外业人员可以到现场核实，保证管线的系统连贯性和正确性。

4.2.6　数据库的检查

在地下管线数据入库前要对数据进行全数质量检查，检查通过后方可入库。检查的项目，见表 4-13。

表 4-13　数据库检查项目

序号	检查类别	检查内容
1	空间参考系检查	大地基准和高程基准检查； 数据空间位置范围检查
2	概念一致性检查	工程文件命名规范性检查； 图层完整性检查； 图层几何类型检查； 图层属性结构检查； 图层工程编号唯一性检查
3	属性值约束检查	标识码合理性检查； 管线起止点标识码合理性检查； 管径及管线条数合理性检查； 管线点高程及埋深合理性检查； 管线高程及埋深合理性检查； 数据字典枚举值检查
4	属性一致性检查	特征管线点关联管线数检查； 特征管线点两侧管线属性信息一致性检查； 相连管线点号匹配一致性检查； 相连管线种类一致性检查
5	拓扑一致性检查	管线点重叠检查； 管井间碰撞检查； 管线重叠检查； 点线碰撞检查； 管线节点数检查； 相邻连线夹角检查； 孤立点检查； 孤立线检查； 排水管线闭流检查； 重力流方向检查； 排水管逆差检查； 排水管管径合理性（大管径流向小管径）检查
6	几何表达检查	要素几何异常检查； 极短线检查； 超长检查
7	空间碰撞检查	管线间碰撞检查

　　数据处理环节的质量控制一般采取内业数据检查，内业数据检查采用软件检查和人工检查相结合的方式进行，抽查比例为 100%。

　　人工检查是指小组互查和作业单位的质检部门检查；软件检查主要是通过软件对数据库进行检查。针对检查出的问题，内业处理人员要及时进行修改，保证数据的正确性。

陈顺清：坚持创新的前行者

奥格科技股份有限公司（以下简称"奥格"）总经理陈顺清博士，从程序员到总经理，并不曾预见到自己在地理信息的道路上会走这么远。

1995—1997年，陈顺清主持开发"广州市地下管线信息系统（GUPIS）"，"该系统符合中国国情，具有综合性应用功能，在整体上达到了同类工作的国际先进水平。在实现地下管线普查、建立信息系统、动态管理和综合应用的一体化方面，处于国际领先地位"。

2013年12月经广东科学技术厅批准成立"广东省智慧水务（奥格）工程技术研究中心"，陈顺清带领技术团队与国内一流的高校研究团队共同参与国家863计划"时空过程模拟与实时GIS"课题。利用国外成熟的水动力学模型，发展适合国情的自己的水动力学模型与内涝模拟模型，结合电子水尺、液位仪、流量计等传感器数据，实现城市排水的智能化；特别是采用"一雨一报一档案"的案例库建设及基于案例推理（CBR）的技术创新以来，排水模拟与动态预测的可靠性大大提高。"这是真正的大数据应用，这也是真正的看得见的管理与决策"，陈顺清自豪地说。

陈顺清作为坚持创新的前行者，使奥格从3～4个人团队发展到今天近500人、产值过亿的地理信息业内大企业，但陈顺清避谈成功。"尽管奥格已经经营21年了，但离'成功'二字还很遥远。地理信息技术可以用到人们生活的方方面面，可以更好地为人们生活服务，我们还有很多可以做的事情。"陈顺清表示。

4.3　整理地形图

地形图在管线图上主要起辅助作用，它叠加到管线图上，可用于检查管线的位置与地形图上的相关地物要素的符合性及地理精度，检查管线的连接关系是否合理，同时方便检查人员野外检查时对被检查的管线点进行定位与查找。

在项目开展的前期，应收集测区范围内的地形图资料，并进行现场踏勘，对收集的地形图资料进行分析与检查，判断是否符合使用要求。如果地形图和现实情况相符，经数学精度检查合格后，则可以直接使用；如果地形图和现实情况差别较大，则需要对地形进行实测或修测，具体要求参照《城市测量规范》（CJJ/T 8—2011）。

数字化地形图有3种获取手段，即现有的数字化图、原图数字化或数字化测图。基础地形图在使用前应进行质量检查，要素分类与代码宜按现行国家标准《基础地理信息要素数据字典　第1部分：1∶500 1∶1 000 1∶2 000 比例尺》（GB/T 20258.1—2019）的要求实施。

地形图的内容应包括行政区域界线、水系、居民地、道路、地貌和植被等基本地理要素。展绘管线使用的数据或数字化管线图的数据，宜采用地下管线探测采集的数据或竣工测量的数据。

在叠加到管线图前，要对地形图进行检查、修补测，合格后方能作为管线图的底图。在编辑地下管线图的过程中，应删除基础地形图中与实测地下管线重叠或矛盾的管线、建（构）筑物。基本要求如下。

（1）比例尺应与地下管线图的比例尺一致；

（2）坐标、高程系统应与地下管线图采用的系统一致；

（3）图上地物、地貌能如实反映测区现状，与地下管线图现势性保持一致；

（4）质量应符合现行行业标准《城市测量规范》（CJJ/T 8—2011）的技术标准；

（5）数字化管线图的数据格式应与数字化地形图的数据格式一致。

4.4　编绘地下管线图

在地下管线数据处理工作完成并经检查合格的基础上，利用数据处理软件，由数据库直接生成地下管线图，并进行地下管线图的编绘工作。一幅完整的地下管线图包括管线信息、管线点图块、扯旗、地形、图幅号、工程名、作业单位、绘图员、检查员、图例等。具体要求和规定参考《城市地下管线探测技术规程》（CJJ 61—2017）中的相关内容。在地下管线图的编辑过程中应删除或移位管线注记矛盾的地形要素，保持管线要素间的相互协调，保证图面清晰。

4.4.1　编绘原则

地下管线图的编绘可采用分层管理、分步骤编绘的方法，如分为地形编绘和管线编绘，但在具体的地下管线探测项目工程实施过程中，应视当地的具体要求确定对应的地形、管线编绘要求和图层分类。具体分层编绘说明如下。

（1）地形层分为控制点、居民地、道路、水系、植被、独立地物、文字注记等图层。

（2）管线层按专业可分为给水、排水、燃气、电力、通信、热力、工业等图层。

在各权属单位管线层中又按注记内容分层，各种专业管线放在 ∗L 层，管线点、窨井等点符号放在 ∗P 层，图上点号标注放在 ∗TEXT 层，管线注记标注放在 ∗TEXT1 层，扯旗放在 CQ 层，双线沟（箱涵）的边线放在 ∗B 层，具体按《城市地下管线探测技术规程》（CJJ 61—2017）的要求进行。

4.4.2　编绘内容

地下管线图主要包括综合地下管线图（图 4-7）、专业地下管线图（图 4-8）和地下管线断面图。

综合地下管线图是指展示某区域内所有敷设于地下的给水、排水、燃气、热力、电力、通信、工业等管线分布特征的具有一定比例尺的地下管线图，其反映各种已有管线及管线附属物。

专业地下管线图是指展示根据一定规则分类的具有一定比例尺的地下管线图，如给水、排水、燃气、热力等专业地下管线图。

综合地下管线图和专业地下管线图所表示的内容基本相同，区别在于在专业地下管线图上除管线周围地形外只包括单一专业管线，而综合管线图包括了指定范围内的所有各种专业管线。

地下管线断面图通常分为地下管线纵断面图和地下管线横断面图（图 4-9）两种。一般只要求做出地下管线横断面图即可。地下管线横断面图是用于表示道路某一里程处各种管线在某一里程处的断面分布情况与地表起伏形态的图形。一般图面要求表示内容如下。

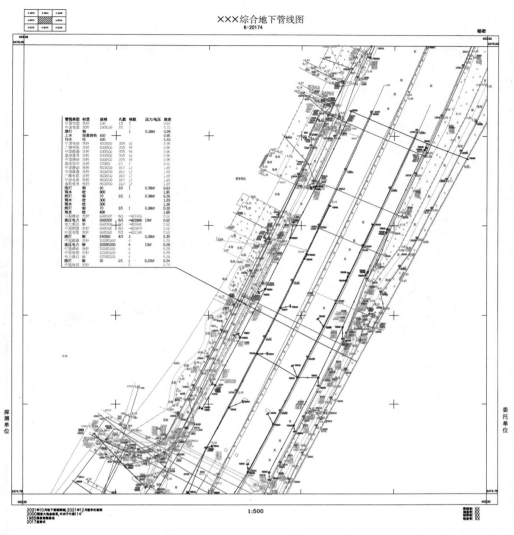

图 4-7　综合地下管线图

(1)地下管线断面图应表示的内容包括断面号、地形变化、各种管线的位置及相对关系、管线高程、管线规格、管线点水平间距等。

(2)地下管线横断面图应表示的内容包括地面线、地面高、管线与断面相交的地上(地下)建筑物,并标出测点间水平距离、地面高程、管底和管顶的高程、管线规格等。

4.4.3　地下管线图的整饰

在数据库检查合格后,输出地下管线成果之前,要对地下管线图进行图面整饰。图面整饰的内容包括比例尺的选择、图幅大小的选择、注记、图廓信息的填写等。

1. 比例尺的选择

综合地下管线图和专业地下管线图的比例尺及分幅应与城市基本地形图一致。一般在主要城区采用 1∶500 比例尺;在城市建筑物和管线稀少的近郊区域采用 1∶500 或 1∶1 000 比例尺;在城市外围地区采用 1∶1 000 或 1∶2 000 比例尺。

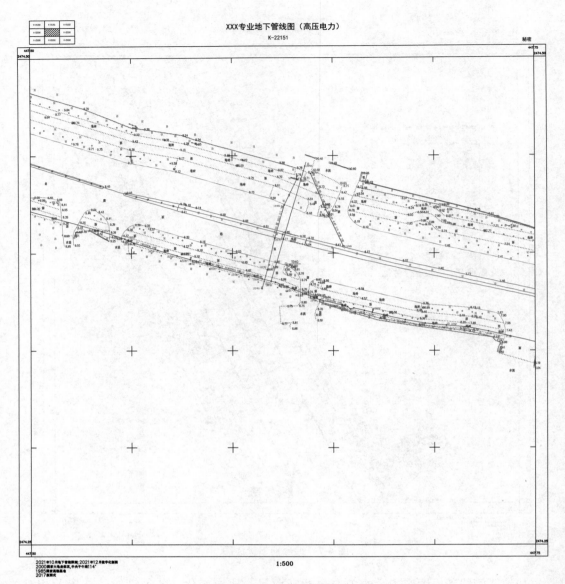

2021年10月地下管线探测；2021年12月数字化制图
2000国家大地坐标系，中央子午线114°
1985国家高程基准
2017版图式

1:500

图 4-8　专业地下管线图

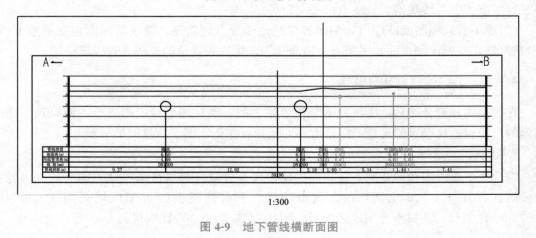

1:300

图 4-9　地下管线横断面图

2. 图幅大小的选择

采用矩形分幅形式，图幅的规格一般分为 50 cm×50 cm 和 50 cm×40 cm。如项目存在特殊的要求，也可采用矩形分幅与自由分幅相结合的形式进行分幅处理，以满足数据标准化和项目个性需求。

3. 注记

地下管线图的注记包括管线点号注记、管段线注记和扯旗注记。注记字体大小为 2 mm× 2 mm。在综合地下管线图中，对于地下管线特别密集的路口或重要地段，应单独制作地下管线放大图，放大图中管线点号、路名、单位名称等均应按规程的要求重新注记。在专业地下管线图中，除进行重新注记外，还应标注专业管线的相关属性。文字、数字的注记与编辑，应视地下管线图上的管线密集程度而定，可适当进行取舍。地下管线断面图以图面表示清晰为原则，根据地下管线密度和纸张大小采取适当比例尺。

4. 点号注记

在地下管线图上点号注记使用的是图上点号，图上点号为内业编号，是在确定图幅号的基础上编制的，在某一图幅内唯一。图上点号通过软件自动计算，命名方式为管线种类代码＋顺序号，在图幅内按照"从上到下，从左到右，先主干，后分支"的顺序自动编号。

（1）管线段线注记。管线段线注记注明的是管线属性，具体包括管线名称、管线材质、规格等，具体的内容按照管线种类的不同而有所区别，具体见表 4-14。

表 4-14 管线段线注记内容说明

管线名称	线注记内容
电力	管线名称、断面尺寸、材质、总孔数、电压 kV
通信	管线名称、断面尺寸、材质、总孔数
给水	管线名称、管径、材质
排水	管线名称、管径（或断面尺寸）、材质
燃气	管线名称、管径（或断面尺寸）、材质、压力
热力	管线名称、管径（或断面尺寸）、材质
工业	管线名称、管径（或断面尺寸）、材质
综合管廊（沟）	管线名称、断面尺寸、材质

（2）扯旗注记。在计算图幅号的基础上，对每一个图幅内的管线进行扯旗标注，扯旗的内容包括管线种类、规格、材质、埋设方式等，根据管线种类的不同，显示的属性也不一样，如电力电缆应注明管线的代号、电压；通信电缆应注明管线代号、管块规格和孔数；直埋电缆应注明管线代号和根数。具体的内容可根据项目的要求进行扩充。

5. 图廓整饰信息的填写

地下管线图的图廓整饰信息包括图名、作业单位、比例尺、图幅结合表、密级等，具体的信息在软件输出成果时要设置完整。

6. 注意事项

地下管线图上的注记应符合下列规定。

（1）注记不应压盖管线及其附属设施的符号。

（2）跨图幅的注记应在各图幅内分别注记。

（3）注记应确保图面清晰。

此外，地下管线图上的注记字体的大小、样式等应满足表4-15的要求。

表4-15　注记字体要求

类型	方式	字体	字高/mm	标注要求
管线点号	字符、数字混合	正等线	2	字朝正北
管段标注	字符、数字混合	正等线	2	平行于管线走向，字头应垂直与管线，指向图的上方
扯旗注记	字符、数字混合	细等线	3	—
断面号	罗马数字	正等线	3	由断面起、讫点构成断面图
接图表	数字	细等线	1.5	—

4.4.4　地下管线图的质量检查

编绘的地下管线图应经过图面检查和实地对照检查合格，合格的地下管线图应符合下列规定。

（1）使用的图例符号、注记应正确；

（2）管线连接关系应正确；

（3）不应遗漏管线；

（4）管线点坐标、高程应正确；

（5）管线属性内容正确；

（6）工作区或图幅接边处两侧的管线类别、空间位置对应，同一管线的属性内容应一致。

4.5　输出地下管线成果表

地下管线成果表是指描述地下管线测点、线段或线路的数据和信息的表格化数据成果，通常采用专用软件由计算机自动生成，以电子表格方式存储。

在数据库检查合格后，可以采用数据处理软件，自动输出地下管线成果表。

地下管线成果表的编制应遵循以下原则。

（1）地下管线成果表应依据绘图数据文件及地下管线的探测成果编制，其管线点号应与图上点号一致。

（2）地下管线成果表的编制内容及格式应按现行《城市地下管线探测技术规程》（CJJ 61—2017）的要求编制。

（3）编制地下管线成果表时，对各种窨井坐标只标注井中心点坐标，但对井内各个方向的管线情况应按现行《城市地下管线探测技术规程》（CJJ 61—2017）的有关要求填写清楚，并应在备注栏以邻近管线点号说明方向。

（4）地下管线成果表应以城市基本地形图图幅为单位，分专业整理编制，并装订成册。

（5）每一图幅的各专业管线成果装订应按下列顺序执行：给水、排水、燃气、电力、热力、通信(电信、网通、移动、联通、军用、有线电视、电通、通信传输局)、综合管沟。成果表装订成册后应在封面标注图幅号并编写制表说明。

地下管线成果表的编制、项目填写和装订要符合要求，地下管线成果表与地下管线图一致，其质量应符合下列规定。

(1)格式符合规定要求(如：＊.xls/＊.xlxs 等)。

(2)内容完整、正确。

(3)管线属性信息完整、正确、规范。

(4)管线管径、流向、管线点间距无逻辑错误。

4.6　管线成图系统

地下管线数据处理所采用的软件，可按实际情况和需要选择购买。也有部分地下管线探测单位自行研发地下管线数据处理软件系统，但多数是在通用的软件开发平台上进行二次开发，形成独具特色的地下管线数据处理系统。目前，国内外可用于数据处理与地下管线图编绘的软件在功能上虽各有不同，但均具备数据输入或导入、数据入库检查与查错、数据处理、图形编辑、成果输出、数据转换等基本功能。

下面以绘宇智能管线成图系统为例，根据地下管线数据处理的工作流程介绍地下管线数据处理与地下管线图编绘软件的功能。地下管线数据处理的工作流程如图 4-10 所示。

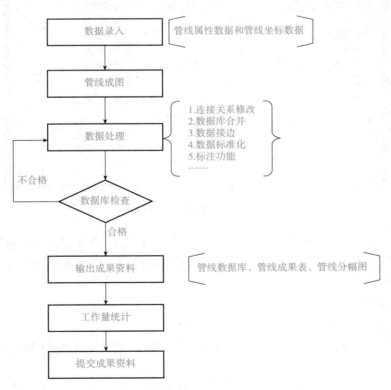

图 4-10　地下管线数据处理的工作流程

4.6.1 数据录入功能

数据录入即管线属性数据的输入和空间数据（测量数据）的导入。该软件设计了将不同格式的数据输入计算机的功能，当前较常用的数据格式为 *.mdb 格式。

1. 属性数据录入方式

(1)手工录入：外业人员通过软件，根据工作草图手工录入管线信息，形成数据库。菜单位置："数据录入"→"数据录入"（图4-11）。

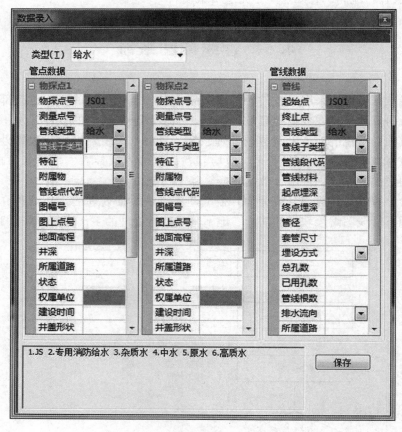

图4-11　"数据录入"界面

(2)数据导入：导入已有的或数据采集软件（绘管通 App）导出的数据，通过处理软件直接生成 CAD 数据进行后续操作。其中通过数据采集软件可以实现方便的内外业无缝衔接功能（图4-12、图4-13）。

2. 坐标数据导入

(1)菜单位置："数据录入"→"导入点号坐标"。

(2)功能描述：将点号坐标导入当前图形，将相应的物探点号标注移动到相应的坐标位置。

(3)操作步骤：选择相应的菜单项，选择点号坐标文件，系统会查找当前图形中相应的点号标注文字，修改该文字的坐标位置。

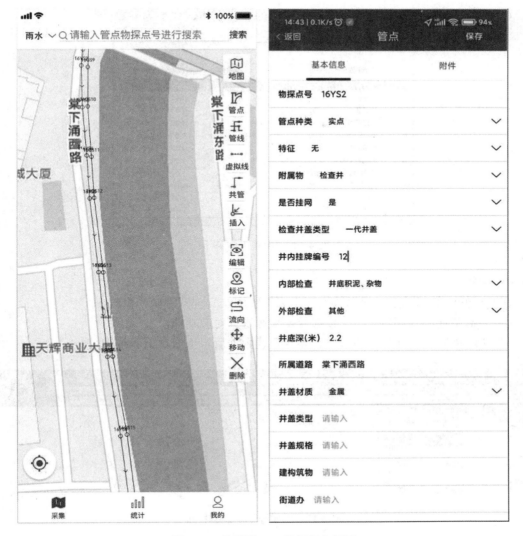

图 4-12　绘管通 App 数据录入界面

4.6.2　管线成图

管线成图之前，内业人员将软件的图块、图层、注记，字体等配置文件根据实际情况配置完整，然后根据数据库的数据生成管线图，为后续操作做准备。

1. 软件配置修改

该软件允许自定义管线成图的"图层设置""字体设置""线型设置""注记设置""图廓设置""扯旗设置"等。

（1）菜单位置："辅助工具"→"设置字体"。

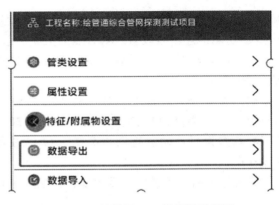

图 4-13　绘管通 App 数据导出界面

（2）功能描述：利用此功能设置各种标注的相应字体、大小等参数（图4-14）。

ID	字型名称	字高	字体名	大字体名	宽度比	倾斜角
1	综合管线标注	1.60	宋体		1.00	0.00
2	图幅号	20.00	宋体		1.00	0.00
3	管点号	1.60	宋体		1.00	0.00
4	扯旗标注	2.40	宋体		1.00	0.00
5	野外及独立点	1.00		hztxt.shx	1.00	0.00
6	埋深标注	1.00	宋体		1.00	0.00
7	管底高程标注	2.40	宋体		1.00	0.00
8	井底高程标注	1.00	宋体		1.00	0.00
9	管点坐标标注	1.00		hztxt.shx	1.00	0.00
10		0.00			1.00	0.00

图4-14 "设置字体"界面

2. 成图

在配置修改的基础上，根据数据库生成管线图，实现图库联动修改。

（1）菜单位置："数据录入"→根据数据来源选择对应功能。

（2）功能描述：根据数据的来源，导入管线数据后，生成地下管线图（图4-15）。

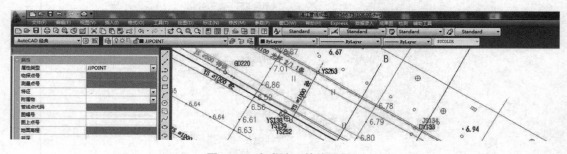

图4-15 生成地下管线图界面

4.6.3 管线数据处理功能

1. 修改逻辑关系

（1）菜单位置："成果图"→"修改管线连接关系"。

（2）功能描述：修改管线与管点的关联关系（图4-16）。

用户可以选择修改后管线的属性继承方式，单击"确定"按钮完成。

如图4-17所示，选中12GY332与12GY334这两点间的管线作为要修改连接关系的管线。选择12GY334这个管点作为要移动的管点，选择12GY333作为新的管线管点。

修改完成后，管线数据发生变化，如图4-18所示。

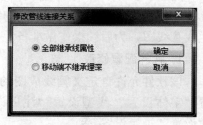

图4-16 "修改管线连接关系"界面

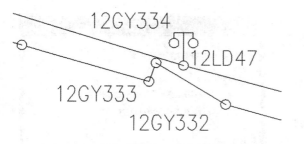

图 4-17　管线连接关系示意(修改前)

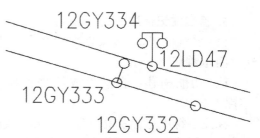

图 4-18　管线连接关系示意(修改后)

2. 管线加点

在线上加管线点,自动把所加的点追加到数据库点表,并修改线表中相关线段的连接关系,这适用于管线点间距超长的情况。绘制的管线点只有坐标和物探点号属性,其他属性可利用"属性复制"配合"属性查询与修改"模块完成录入,所绘制的管线点高程需要在地形图中确认修改。

(1)菜单位置:"成果图"→"插入管线点"。

(2)功能描述:在已有的管线上插入一个新管线点,同时将原管线打断(图 4-19)。

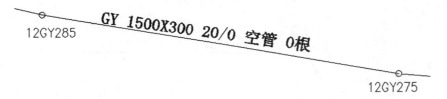

图 4-19　管线段插入管线点示意(修改前)

选中图 4-19 中的电力管线段,再在管线中间选取插入管线点坐标,同时输入管线点编号 12GY331,即可完成插入管线点的操作。结果如图 4-20 所示。

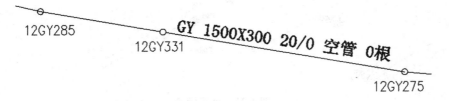

图 4-20　管线段插入管线点示意(修改后)

3. 属性查询与修改

通过起始点号和终止点号读取数据库中相应线表的属性,可以修改项内容,同时修改数据库。在屏幕上选取管线点,就可以查询到被选管线点的属性,如果修改了特征数据和附属物,图形的管线点符号也会随之发生改变。

4. 管线的标注

管线的标注包括专业管线标注、管线扯旗、插入排水流向符。可以实现专业管线标注的自动标注和手工标注;对综合图可以自动进行管线扯旗标注;根据数据库内数据,可以自动插入排水流向符。

5. 管线注记标注

（1）菜单位置："成果图"→"综合管线标注"（图 4-21）。

（2）功能描述：自动生成综合管线标注文字。

标注字符串与管线偏距为文字与管线的距离；在标注控制中，可以选择标注条件，符合标注条件的管线才标注。可以手工在图面上选择要标注的管线，或自动将全部管线标注。

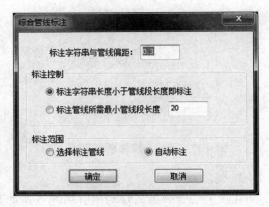

图 4-21 "综合管线标注"界面

6. 扯旗标注

（1）菜单位置："成果图"→"管线断面扯旗标注"（图 4-22）。

（2）功能描述：标注管线横断面数据。

管线类型	材质	规格	孔数	根数	电压/压力	埋深
给水	PVC	100				0.01
电信	光纤	200X100	2/1	1		0.52
给水	铸铁	300				0.60
电力	铜			3	10kV	-6.39
雨水	砼	1200				2.17
雨水	砼	1000				2.01

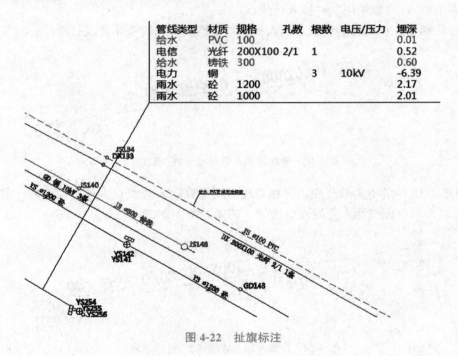

图 4-22 扯旗标注

4.6.4 数据库检查

应对数据库中的数据进行常规错误检查。该软件允许自定义数据查错的种类和方式，具有错误记录定位功能，便于错误记录的改正。

（1）菜单位置："检测"→"数据监理"→"检测"。

（2）功能描述：对数据库进行全面查错。

（3）操作步骤：选择相应的菜单项，对数据库进行检查，如图 4-23 所示。

图 4-23　数据库检查设置

4.6.5　输出地下管线成果资料

在数据库检查合格后，通过软件的输出地下管线成果资料功能，输出地下管线成果资料。

1. 图廓整饰

通过点取图幅内的点，自动插入图框，并注记四角坐标和图幅号。

(1)菜单位置："成果图"→"绘制图幅框"（图 4-24）。

(2)功能描述：自动绘制图面上显示范围内的所有图幅。

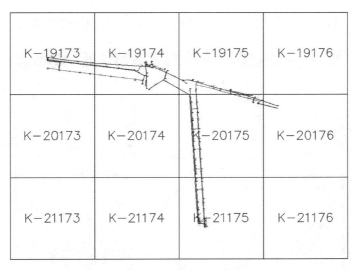

图 4-24　绘制图幅框

2. 按图幅网格分幅

(1)菜单位置："辅助工具"→"按图幅网格分幅"。

(2)功能描述：根据图 4-24 中的图幅网格，将当前的管线图形分割成综合管线分幅图。

(3)操作步骤：选择相应菜单项，弹出图 4-25 所示的"分幅输出"对话框。

图 4-25 "分幅输出"对话框

选择分幅图存放的路径，如果勾选"自动加上图框及图框整饰"复选框，则生成综合地下管线分幅图的时候，自动将图廓中相关的图形数据叠加入分幅图。单击"确定"按钮，自动生成综合地下管线分幅图。

3. 专业管线分幅

(1)菜单位置："辅助工具"→"专业管线分幅"。

(2)功能描述：将管线分类分图幅输出成分幅图。

(3)操作步骤：参考"2. 按图幅网格分幅"。

4. 生成 Excel 成果表

(1)菜单位置："辅助工具"→"生成 Excel 成果表"。

(2)功能描述：将当前图形的管线数据，按各种类型的边界，分别输出 Excel，作为成果表数据。

(3)操作步骤：选择相应的菜单项，系统将弹出图 4-26 所示的界面。

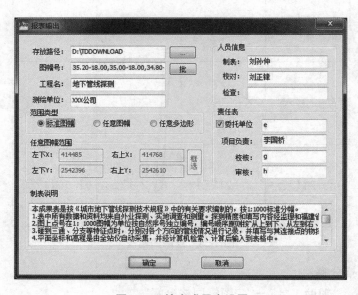

图 4-26 输出成果表设置

存放路径为成果表输出的路径。如果范围类型是选标准图幅，则图幅号可以修改。单击"批"按钮，可以直接在图中框选图幅边界；如果"范围类型"选择"任意图幅"，则下面的"任意图幅范围"可以修改，用户可以直接在图面上选择一矩形范围，作为一个输出范围；当"范围类型"选择"任意多边形"时，用户在生成地下管线成果表之前，会选择一个不规则的多边线作为输出边界。根据需要填好其他参数后，单击"确定"按钮即可生成地下管线成果表。

5. 输出到 Access 数据库

(1)菜单位置："辅助工具"→"输出到 Access 数据库"。

(2)功能描述：将管线、管线点数据输出到 Access 数据库。

(3)操作步骤：选择相应的菜单项，在弹出的对话框中选择输出目录和文件名，单击"确定"按钮，即可自动输出数据。

6. 输出到 ArcGis 个人数据库

(1)菜单位置："辅助工具"→"输出到 ArcGis 个人数据库"。

(2)功能描述：将管线、管线点数据输出到 ArcGis 个人数据库。

(3)操作步骤：选择相应的菜单项，选择个人数据库文件，即可自动输出数据。

4.6.6 工作量统计

统计管线的三维长度，并进行报表输出。该软件对工作量的统计方式有点数长度统计、重叠管线分组统计、点数长度材质统计、附属物统计、分段长度统计等，其中最常用的是点数长度统计。

(1)菜单位置："检测"→"点数长度统计"。

(2)功能描述：统计管线长度与管线点数量(图 4-27)。

图 4-27　管线长度及管线点数量统计界面

单击"全图统计"按钮则自动对图上所有的数据进行统计。单击"选择统计"按钮则让用户选择要统计的管线与管线点。系统自动统计出明显管线点个数、隐蔽管线点个数、管线的二维跟三维长度。

4.6.7 其他辅助功能

为了方便内业人员进行数据处理及图面整饰，该软件还有其他辅助功能，简化了内业操作步骤，提高了数据处理的工作效率。部分功能如下。

1. 零根数管线线型变为虚线

（1）菜单位置："辅助工具"→"自动生成测量点号"。

（2）功能描述：将管线根数为0的管线线型修改为虚线。

（3）操作步骤：选择相应的菜单项，即可自动完成。

2. 设置范围检查参数

（1）菜单位置："辅助工具"→"设置参数"。

（2）功能描述：设置范围检查参数（图4-28）。

（3）操作步骤：选择相应的菜单项，在弹出的对话框中选择、更改即可。

ID	属性名称	最小值	最大值
1	起点埋深	0.01	8.00
2	终点埋深	0.01	8.00
6	管线长度	0.01	75.00
7	高程差	-0.20	15.00
8	X	400000.00	450000.00
9	Y	2500000.00	2600000.00
10	Z	1.00	100.00

图4-28　范围检查参数设置

3. 自动完善属性

（1）菜单位置："辅助工具"→"自动完善属性"。

（2）功能描述：根据管线、管线点现有的数据，自动填充管线类型、权属单位、管线点代码、管线段代码、管底管顶高程等属性数据。

（3）操作步骤：选择相应的菜单项，即可自动完成。

4. 删除重复数据

（1）菜单位置："辅助工具"→"删除重复数据"。

（2）功能描述：自动删除重复数据。

（3）操作步骤：选择相应的菜单项，系统将自动检测重复数据并删除。

5. 点号标注引线

管线点号注记压盖管线点和管线实体时，需要把注记挪开，如果管线点过于密集，则需要明确点号对应的注记，这时就需要标注引线，无论将注记挪到多远的位置，外业人员或业主都可以明确区分点号标注，查阅其相关属性。

（1）菜单位置："成果图"→"点号标注引线"。

（2）功能描述：在点号标注中增加引线。

6. 地形图变为底图

（1）菜单位置："辅助工具"→"地形图变底图"。

（2）功能描述：将当前图形中的所有实体变成灰色，并放到"DXT"图层。

(3)操作步骤：选择相应的菜单项，即可自动完成。

7. 批量变底图

(1)菜单位置："辅助工具"→"批量变底图"。

(2)功能描述：批量将地形图数据变成底图格式。

(3)操作步骤：选择相应的菜单项，系统将弹出"选择文件"对话框。可以批量选择地形图文件，自动将地形图数据统一改变颜色，并放到各个图形的"DXT"图层。

4.7 典型案例分析

4.7.1 案例背景

为了摸清城市地下管线分布状况，获取地下管线及其附属设施空间位置和相关属性信息，编绘地下管线图，实现地下管线数据交换和信息资源共享，2009 年，东莞市开始开展地下管线普查工作，范围包括东城、南城、万江和寮步部分地区，总面积约为 226 km²。地下管线普查一般包括已有地下管线资料的收集、地下管线探测与测量、地下管线数据处理与成果编制、成果检查与验收、地下管线管理信息系统的建设等内容。其中，地下管线数据处理与成果编制是其中重要的工作之一，是地下管线信息资源共享的关键。

4.7.2 存在的问题

(1)地下管线探测的范围广泛，交通、气候等野外作业影响因素多，作业过程中协调难度大，地下管线探测的难度不一样，因此，作业时间相对拉长，造成地下管线数据处理与成果编制作业时间紧张。

(2)探测地区原有的地下管线数据种类繁多，空间参考坐标和数据格式不统一，数据的现势性不准确，地下管线数据处理难度大。

(3)不同的职能部门和权属单位的数据标准不一致，且同一套数据标准在不同的时间有一定的差异，导致数据整合难度大，共享难度大。

(4)在数据库合并方面存在地下管线数据库的接边问题，包括不同片区间的接边，新、旧数据的接边，难以保证数据库接边的准确性。

(5)在数据统筹方面，由于项目实施过程中涉及的作业小组多，且数据处理能力参差不齐，如何提高工作效率和保证数据质量显得尤为重要。

4.7.3 分析问题

(1)针对作业时间紧张的问题，应划分多个作业区域，由多个探测小组同时进行作业，在项目开展前期，要对探测地区进行踏勘，制定相应的技术方案。在作业过程中采用绘管通 App 对地下管线数据进行同步录入，规范属性填写要求，降低数据录入过程中的出错概率。

(2)项目开展前，对收集的已有的地下管线资料进行分析，获取有效的可利用的地下管线数据，并对其进行电子化、数据标准化，为后期数据接边作准备。

(3)参考国家及地区的标准规范，制定一套数据标准，并严格执行，为实现数据共享奠定基础。

（4）针对数据库接边的问题，在作业分区的时候，要注意区域的划分界线，在需要接边的地方进行外业探查时，要注意接边点的定位，并备注清楚接边点信息，方便内业人员后期进行数据库合并接边。

（5）针对此项目，推荐使用内外业一体化作业模式。作业前，对作业人员进行软件操作技能和数据标准的培训，使其掌握软件的操作技能。

4.7.4　经验总结

开展大范围的地下管线普查项目，可采用内外业一体化的作业模式。该作业模式不仅把地下管线内业的作业过程直接简化为"读取数据文件—自动生成地下管线图—检查成果—输出成果"4 个简单环节，简化了内业操作步骤，提高了工作效率，实现了真正意义上的地下管线探测内外业一体化、图库一体化，还统一了数据标准和数据库的结构，为数据的共享提供了便利。

复习思考题

一、填空题

1. 地下管线测量获取的数据包括＿＿＿＿＿＿和＿＿＿＿＿＿两部分。

2. 地下管线图包括＿＿＿＿＿＿、＿＿＿＿＿＿和＿＿＿＿＿＿。

3. 空间数据是指管线点的＿＿＿＿＿＿和＿＿＿＿＿＿。

4. 地下管线断面图通常可分为＿＿＿＿＿＿和＿＿＿＿＿＿两种。

5. 数字化基础地形图有 3 种获取手段，即＿＿＿＿＿＿、＿＿＿＿＿＿和＿＿＿＿＿＿。

二、判断题

1. 地下管线图上的注记应视地下管线图上的管线密集程度而定，可适当进行取舍。

（　　）

2. 综合地下管线图一般在城市的主城区采用 1∶500 比例尺。　　　　　　　（　　）

3. 管线要素分类编码由管线的基础地理信息要素代码、管线分类代码和管线要素代码组成，用 9 位数字表示。　　　　　　　　　　　　　　　　　　　　　（　　）

4. 综合地下管线图的注记字体大小为 3 mm×3 mm。　　　　　　　　　　（　　）

5. 地下管线数据处理软件就是利用属性数据库和空间数据库的共同点是管线点号这一特点把两个数据库合并起来的。　　　　　　　　　　　　　　　　　　（　　）

三、简答题

1. 简述地下管线图注记的要求。

2. 地下管线图编绘的内容是什么？

3. 编绘地下管线图所用的基础地形图的要求是什么？

4. 简述地下管线断面图表示的内容。

5. 简述地下管线数据处理软件的基本功能。

6. 简述综合地下管线图的编绘原则。

7. 合格的地下管线图应当满足什么规定？

项目 5

地下管线探测成果质量检验

教学要求

知识要点	能力要求	权重
地下管线探测成果资料检验依据	了解地下管线探测成果资料的组成；了解地下管线探测成果资料检验的依据；了解相关规范、标准的内容	20%
地下管线探测成果资料检验	掌握需检查验收的内容；掌握各项成果指标；掌握抽检比例及检验方法	30%
地下管线探测成果资料检验流程	掌握地下管线探测成果资料检验流程	25%
地下管线探测成果资料质量评价	掌握地下管线探测成果资料质量评价要求；掌握地下管线探测成果资料验收要求	25%

任务描述

随着智慧城市的快速发展，地下管线数据使用的频率越来越高。为保证地下管线数据的现势性、准确性和完整性，使地下管线探测成果能够安全、有效地利用到城市数字地下空间建设工作中，地下管线探测质量管理和地下管线探测成果质量评价已成为地下管线探测项目生产的重要组成部分。

地下管线探测成果质量检验实行的是"二级检查、一级验收"制度和方式，检验内容包括控制测量精度、地下管线图质量、资料质量。在地下管线探测成果资料检验过程中，检验人员需要具备熟练进行地下管线探测成果质量检验的知识和能力。

职业能力目标

在进行地下管线探测成果检验相关工作时，需要了解地下管线探测成果检验的目的和意义，以及检验的依据、方法、方式及要求，能够进行地下管线探测成果的质量判定、验收。学习完本项目内容后，应该达到以下目标：

（1）了解地下管线探测成果资料检验目的及意义；

（2）了解地下管线探测成果的检验依据；

（3）掌握地下管线探测成果的检验方法；

（4）掌握地下管线探测成果的检验流程；

(5)能够评定、判定地下管线探测成果的质量等级；

(6)掌握地下管线探测成果验收与提交的要求。

◉ 典型工作任务

在完成地下管线探测，提交地下管线探测成果前，应针对成果进行一系列检验工作，包括检验控制测量精度、地下管线图数学精度、地下管线图地理精度、地下管线图整饰质量、资料完整性、整饰规整性等，以使成果达到验收与提交的要求。

📖 情境引例

城市地下管线数据是智慧城市和时空大数据平台的重要组成部分，它作为城市中的各种物质流、能源流和信息流的载体，发挥着城市"血脉"和"生命线"的重要作用。为整合城市地下管线信息数据，实现地下管线的数字化、标准化管理，各地通过地下管线探测普查，建立城市地下管线数据库，实现集中管理和统一应用。

随着城市地下管线、隧道工程等地下工程建设规模的迅速增长，地下空间开发利用已经进入浅地层大规模开发阶段。地下管线探测成果数据作为数字地下空间与工程数据库模型建设中的重要组成部分，其质量直接关系到地下工程建设过程及后期的养护和管理、健康状态评估、工程设计、工程施工安全。为保证地下管线数据的现势性、准确性和完整性，提高地下管线数据的服务水平，提升地下管线数据质量，规范项目成果验收与移交流程，应实施有效的地下管线探测成果检验。

5.1 地下管线探测成果检验依据

测绘成果质量是指满足国家制定的测绘技术规程、规范和标准，满足用户期望目标值的程度。测绘成果质量不仅关系到各项工程建设的质量和安全，也关系到社会经济发展规划决策的科学性、准确性，同时，保证测绘成果质量对维护公共安全和公共利益也具有很重要的意义。

5.1.1 检验制度

地下管线探测成果质量实行"二级检查、一级验收"制度。"二级检查、一级验收"是指测绘地理信息成果应依次通过测绘单位生产作业部门的过程检查、测绘单位质量管理部门的最终检查、项目管理单位组织的验收或委托具有资质资格的质量检验机构进行的质量验收。其要求如下。

(1)过程检查应全数检查。应对地下管线探测成果进行各环节、各生产工序的详细全面的检查，通过检查发现的错误需及时修改完善并经过复查合格后方可提交最终检查，检查记录随同成果一起提交下道工序检查。

(2)最终检查一般采用全数检查。涉及野外检查项目的可采用抽样检查，内业项目实施全数检查。最终检查不合格的单位成果应退回处理，统一整改完善后重新复查；最终检查合格的单位成果，检查发现的问题及时修改后经复查合格后方可提交验收。最终检查完成后，应将各级检查记录及问题处理情况进行整理和审核，同时编写检查报告，随成果一并提交验收。

(3)验收一般采用抽样检查。质量检验机构应对样本进行详查，必要时可对样本以外的单位成果的重要检查项目进行概查。

(4)各级检查验收工作应独立、按顺序进行，不得省略、代替或颠倒顺序。

(5)最终检查应审核过程检查记录，验收应审核最终检查记录，审核中发现的问题作为资料质量错漏处理。

5.1.2　检验依据

测绘成果的检验依据，包括有关法律、法规，有关国家标准、行业标准，技术设计书，测绘任务书，合同书和委托验收文件等。

地下管线探测成果检验依据《测绘成果质量检查与验收》(GB/T 24356—2009)、《管线测量成果质量检验技术规程》(CH/T 1033—2014)、《城市地下管线探测技术规程》(CJJ 61—2017)等有关国家和行业标准，以及该工程的任务书、合同书，经批准的技术设计书等相关技术文件执行。

5.1.3　检验内容

地下管线探测成果的质量检验主要包括控制测量精度、地下管线图质量、资料质量等，具体检验内容按表 5-1 中规定的质量元素和检查项目确定，设计的检验对象应包括控制测量、地下管线图和资料。

表 5-1　地下管线测量成果的质量元素和检查项目

质量元素	质量子元素	检查项目
控制测量精度	数学精度	平面控制测量参见表 5-2。 高程控制测量参见表 5-3
地下管线图质量	数学精度	明显管线点量测精度；管线点探测精度；管线开挖点精度；管线点平面、高程精度；管线点与地物相对位置精度
	地理精度	管线数据中各管线属性的齐全性、正确性、协调性；地下管线图注记和符号的正确性；管线调查和探测综合取舍的合理性
	整饰质量	符号、线画质量；图廓外整饰质量；注记质量；接边质量
资料质量	资料完整性	工程依据文件；工程凭证资料；探测原始资料；探测图表、成果表；技术报告书(总结)
	整饰规整性	依据资料、记录图表归档的规整性；各类报告、总结、图、表、簿册整饰的规整性

表 5-2　平面控制测量成果的质量元素和检查项目

质量元素	质量子元素	检查项
数据质量	数学精度	点位中误差、边长相对中误差与规范及设计书的符合情况
	观测质量	仪器检验项目的齐全性、检验方法的正确性；观测方法的正确性、观测条件的合理性；GPS 点水准联测的合理性和正确性；归心元素、天线高测定方法的正确性；卫星高度角、有效观测卫星总数、时段中任一卫星有效观测时间、观测时段数、时段长度、数据采样间隔、PDOP 值、钟漂、多路径影响等参数的规范性和正确性；观测手簿记录和注记的完整性和数字记录、划改的规范性，数据质量检验的符合性；水平角与导线测距的观测方法，成果取舍和重测的合理性、正确性；天顶距(或垂直角)的观测方法、时间选择，成果取舍和重测的合理性、正确性；规范和设计方案的执行情况；成果取舍和重测的正确性、合理性

127

质量元素	质量子元素	检查项
数据质量	计算质量	起算点选取的合理性和起始数据的正确性；起算点的兼容性及分布的合理性；坐标改算方法的正确性；数据使用的正确性和合理性；各项外业验算项目的完整性、方法的正确性，各项指标的符合性
点位质量	选点质量	点位布设及点位密度的合理性；点位满足观测条件的符合情况；点位选择的合理性；点之记内容的齐全性、正确性
	埋石质量	埋石坑位的规范性和尺寸的符合性；标石类型和标石埋设规格的规范性；标志类型、规格的正确性；托管手续内容的齐全性、正确性
资料质量	整饰质量	点之记和托管手续、观测手簿、计算成果等资料的规整性；技术总结、检查报告整饰的规整性
	资料完整性	技术总结、检查报告及上交资料的齐全性和完整情况

表 5-3　高程控制测量成果的质量元素和检查项目

质量元素	质量子元素	检查项目
数据质量	数学精度	每千米高差中数偶然中误差的符合性；每千米高差中数全中误差的符合性；相对于起算点的最弱点高程中误差的符合性
	观测质量	仪器检验项目的齐全性、检验方法的正确性；测站观测误差的符合性；测段、区段、路线闭合差的符合性；对已有水准点和水准路线联测和接测方法的正确性；观测和检测方法的正确性；观测条件选择的正确、合理性；成果取舍和重测的正确、合理性；记簿计算正确性、注记的完整性和数字记录、划改的规范性
	计算质量	外业验算项目的齐全性、验算方法的正确性；已知水准点选取的合理性和起始数据的正确性；环闭合差的符合性
点位质量	选点质量	水准路线布设、点位选择及点位密度的合理性；水准路线图绘制的正确性；点位选择的合理性；点之记内容的齐全性、正确性
	埋石质量	标石类型的规范性和标石质量情况；标石埋设规格的规范性；托管手续内容的齐全性
资料质量	整饰质量	观测、计算资料整饰的规整性，各类报告、总结、附图、附表、簿册整饰的完整性；成果资料、技术总结、检查报告整饰的规整性
	资料完整性	技术总结、检查报告编写内容的全面性及正确性；提供成果资料项目的齐全性

5.2　地下管线探测成果检验基本要求

　　地下管线探测成果的检验，从语义上是指地下管线探测成果的检查和验收。地下管线探测成果的检查可以理解为探测单位的质量检查和质量控制、单位管理体系内的检查与验收，检验结论通常具有评定的性质；地下管线探测成果的验收，通常理解为委托方的最终成果质量认可，结论通常为核定性质。地下管线探测成果的检查可分为作业单位的检查和工程监理单位的检查。检查工作分为外业和内业两部分，作业单位应落实二级检查制度。地下管线探测成果质量检查的样本抽取、检验内容应符合《管线测量成果质量检验技术规程》(CH/T 1033—2014)的相关规定。

地下管线探测成果质量检查可采用重复探测或实地抽样测量的方法，成果数据库宜采用专用软件结合人工辅助进行检查，地下管线图检查应采用图面检查与实地对照检查相结合的方式进行。同时，根据检查结果对地下管线探测成果做出质量评价，评定或核定地下管线探测成果的质量等级，质量评价应符合《管线测量成果质量检验技术规程》(CH/T 1033—2014)的相关规定。质量检查完成后应编制检查报告，检查报告的内容和格式应参照《测绘成果质量检查与验收》(GB/T 24356—2009)相关规定执行。

5.2.1 地下管线探测成果资料检查

（1）地下管线探测成果资料检查应采用内业审查、野外巡视对照检查的方式进行。地下管线探测成果资料检查应包括下列内容。

1）探查质量自检记录表和检查报告；

2）明显管线点调查表；

3）隐蔽管线点探查记录表；

4）综合地下管线图。

（2）检查自检记录表和质量检查报告，并结合监督检查所掌握的情况，填写检查记录表。检查应包括下列内容。

1）自检记录表填写的规范性和完整性；

2）样本抽取与检验依据规定要求的符合性；

3）质量检查报告内容的完整性、审批的有效性。

（3）对明显管线点调查表和隐蔽管线点探测记录表进行室内检查，并填写检查记录表。检查应符合下列规定。

1）应检查记录的真实性，转抄、涂改或伪造的记录应为无效记录；

2）应检查记录的规范性，不符合规定格式要求的责成探测单位整改；

3）应检查记录的完整性，记录表填写不全的，应责成探测单位补齐补全；

4）对无效记录所涉及的探查成果，责成探测单位进行返工重测或采用有效的完善措施。

（4）对综合地下管线图进行室内图面检查，并填写检查记录表。当综合地下管线图不符合要求时，应责成探测单位整改。检查应包括下列内容。

1）图面上各种管线的颜色、代号和附属物的符号及规格；

2）图面上各条管线的连接关系和相关关系；

3）图面标注；

4）图幅间的接边；

5）图幅整饰是否符合标准要求。

（5）在内业图面审查后进行实地巡查，并填写巡视检查记录表。当发现不符合要求的情形时，应责成探测单位整改。检查应包括下列内容。

1）核对管线点位置和管线连接关系；

2）检查探查范围和管线取舍；

3）检查管线点符号使用和管线种类判定；

4）核对管线点号与点位的对应关系。

对探测单位整改后的地下管线探测成果资料重新进行检查。地下管线探测成果资料不合格的，不得进行地下管线探测成果质量检验。

5.2.2　地下管线探测成果质量检验

地下管线探测成果质量检验的主要工作重点（关注点）包括但不限于下列内容。

（1）明显管线点的埋深精度；

（2）隐蔽管线点的平面位置和埋深精度；

（3）管线漏查率和连接关系正确率；

（4）管线属性调查正确率。

地下管线探测成果质量检验应采用明显管线点重复调查、隐蔽管线点重复探查方式，隐蔽管线点重复探查中的严重疑问，可通过对隐蔽管线点开挖进行验证。

在明显管线点和隐蔽管线点中分别抽取不少于各自总点数的 5% 且不少于 20 点进行同精度质量检查。检查的管线点应随机抽取，且宜在工区内均匀分布，具有代表性。

管线点的几何精度检查应符合下列规定：明显管线点应重复量测埋深，隐蔽管线点应使用仪器重复探查，检查平面位置和埋深，根据检查结果按式（5-1）～式（5-3）分别计算明显管线点的埋深量测中误差 M_{td}、隐蔽管线点的平面位置中误差 M_{ts} 和埋深中误差 M_{th}。按式（5-4）、式（5-5）分别计算隐蔽管线点的平面位置限差 δ_{ts} 和埋深限差 δ_{th}。M_{td} 不得超过 ± 2.5 cm，M_{ts} 和 M_{th} 不得超过各自对应限差 δ_{ts}、δ_{th} 的 0.5 倍，各指标的粗差率不应大于 5%。

$$M_{td} = \pm \sqrt{\frac{\sum\limits_{i=1}^{n_1} \Delta d_{ti}^2}{2n_1}} \qquad (5-1)$$

$$M_{ts} = \pm \sqrt{\frac{\sum\limits_{i=1}^{n_2} \Delta S_{ti}^2}{2n_2}} \qquad (5-2)$$

$$M_{th} = \pm \sqrt{\frac{\sum\limits_{i=1}^{n_2} \Delta h_{ti}^2}{2n_2}} \qquad (5-3)$$

$$\delta_{ts} = \frac{0.10}{n_2} \sum\limits_{i=1}^{n_2} h_i \qquad (5-4)$$

$$\delta_h = \frac{0.10}{n_2} \sum\limits_{i=1}^{n_2} h_i \qquad (5-5)$$

式中　Δd_{ti}——明显管线点的埋深偏差（cm）；

　　　ΔS_{ti}——隐蔽管线点的平面位置偏差（cm）；

　　　Δh_{ti}——隐蔽管线点的埋深偏差（cm）；

　　　n_1——明显管线点检查点数；

　　　n_2——隐蔽管线点检查点数。

管线点属性调查检查应逐项核对，若发现遗漏、错误应进行补充、更正。

进行管线探测时，根据工程需要和场地条件，可采取增加重复探测量或开挖等方式对隐蔽管线点的探测结果进行验证。验证应符合下列规定。

（1）验证点选择应遵循具代表性、均匀分布的原则，每个测区中验证点数不宜少于隐蔽管线点总数的 0.5％，且不宜少于 2 个。

（2）验证内容应包括几何精度和属性精度，并根据验证结果进行质量评价。

经质量检验不合格的测区，应分析不合格原因，并整理归纳不合格原因以供后续采取相应的纠正措施进行补充探测或重新探测。在补充探测或重新探测过程中，应验证所采取纠正措施的有效性，并保证补充探测或重新探测结果质量可靠。

5.2.3　地下管线测量成果资料检查

（1）检查控制测量手簿（含电子记录）、点之记、管线点测量原始记录（含电子记录）、计算资料和地下管线测量成果资料的完整性、规范性和正确性，计算结果应符合规定的限差要求。

（2）检查测量仪器检校记录与计算的正确性，测量仪器的检校指标应符合规定的要求。

（3）控制测量计算资料和地下管线测量成果资料及测量仪器检校计算应全部检查。对地下管线测量成果资料进行检查时，应填写检查记录表。

5.2.4　地下管线测量成果质量检验

地下管线测量成果质量检验应在过程控制的基础上，检查控制测量的精度、管线点测量精度。

地下管线测量成果质量检验按《测绘成果质量检查与验收》（GB/T 24356—2023）的有关规定执行。检验起始成果资料的完整性、正确性；原始记录手簿及计算资料的齐全性、规范性；坐标系统、高程系统的符合性；各项精度指标的符合性；外业实地抽样检测控制测量成果的精度。

地下管线测量成果质量检验主要采用同精度重复测量的方式进行。抽样检查明显管线点平面位置和高程、隐蔽管线点平面位置和高程，统计明显管线点和隐蔽管线点平面位置精度和高程精度；同时，对隐蔽管线点开挖验证的样本进行平面位置和高程精度检测和统计。

测区中随机抽取的检查点宜均匀分布，检查点的数量应不少于测区内管线点总数的 5％。检查复测管线点的平面位置和高程，按式（5-6）、式（5-7）分别计算管线点平面位置测量中误差 M_{cs} 和管线点高程测量中误差 M_{ch}。

$$M_{cs} = \pm \sqrt{\frac{\sum\limits_{i=1}^{n} \Delta S_i^2}{2n}} \tag{5-6}$$

$$M_{ch} = \pm \sqrt{\frac{\sum\limits_{i=1}^{n} \Delta h_i^2}{2n}} \tag{5-7}$$

式中　ΔS_i、Δh_i——重复测量的管线点平面位置较差、高程较差；
　　　n——重复测量的点数。

管线点重复测量平面中误差、管线点高程测量中误差不宜超过精度指标的相关规定，粗差率不应大于 5％。

5.2.5　地下管线图资料检验

1. 地下管线图质量检验的一般规定

对编绘的地下管线图应进行 100％图面检查和实地巡视对照检查，地下管线图的质量应符合下列规定。

(1)地下管线图要素表达完整、齐全、清晰、易读，管线要素、地形地物要素综合取舍符合规程、规范要求，无主要管线及附属设施漏测漏绘情况；

(2)管线连接关系正确；

(3)管线符号、文字、数字注记符合要求；

(4)图幅接边协调、无遗漏或错误；

(5)图廓整饰的规范性、完整性符合要求。

2. 数据文件检查

使用地下管线数据处理软件对数据库文件进行检查，数据库文件应与地下管线图、成果表一致，其质量应符合下列规定。

(1)数据格式正确；

(2)数据内容完整、正确、规范；

(3)数据项之间无逻辑关系错误；

(4)管线管径、流向正确，管线点间距符合要求；

(5)数据接边误差符合要求。

3. 地下管线图地理精度检验

(1)检查探测范围内的管线完整性；

(2)对照原始探查记录，检查管线是否遗漏，管线属性项内容、连接关系是否与原始探查记录一致；

(3)检查地下管线图图面中各类管线表达的合理性；

(4)内业使用检查软件检查各管线属性项内容填写的完整性，管线属性内容是否存在逻辑矛盾；

(5)实地检查管线、管线点是否漏测；

(6)实地检查探测管线表达是否合理、正确；

(7)实地检查管线的连接关系是否正确、管线点的实地相对关系是否相符。

4. 地下管线图质量的逻辑一致性检验

(1)格式一致性检验；

(2)概念一致性检验；

(3)拓扑一致性检验。

5. 地下管线图整饰质量检验

(1)各类管线符号、线型配置是否正确；

(2)图面整饰是否规范；

(3)各类管线注记是否齐全、规范，是否压盖；

(4)数据接边有无遗漏和错误。

5.2.6 监理检查

在地下管线图形及数据处理完成之后，应将通过质量检查和修改完善后的地下管线探测成果数据提交监理单位，申请地下管线探测成果监理检查，同时提供相应的人力、物力配合完成工程监理工作。

在接到监理单位反馈的监理检查意见后，及时组织人员逐一复核落实，修改完善成果数据，并再次提交监理单位复查，直至通过监理单位检查。

5.2.7　管线权属单位审核

测区地下管线探测成果经监理单位检查合格后，将需要核实的专业管线打印输出并提交管线权属单位进行核对，以有效防止错测、漏测等问题的发生。

管线权属单位宜根据本专业管线施工设计图、竣工图等各类管线现有资料、档案资料及管线埋设的现实状况，对地管线图中管线探测的完整性、管线属性信息的正确性等内容进行核对，并将发现的问题和存在的矛盾反馈至探测单位进行修改，进一步提高地下管线探测成果质量；同时，建议管线权属单位在已审图上加盖单位公章。

针对存在的问题，宜描述问题存在的地点、问题的种类，以便探测单位核实修改。问题种类包括管线的管径、断面尺寸、材质，管线的位置、埋深、连接关系、丢漏等问题。

探测单位针对专业管线权属单位审核发现的问题，应及时组织人员逐一进行复查核实，修改完善普查探测成果数据，并将问题处理结果反馈至各专业管线权属单位。

5.2.8　地下管线探测成果检验的主要精度指标

城市地下管线探测应以中误差作为衡量探测精度的标准，且以两倍中误差作为极限误差。探测精度应符合下列要求。

1. 地下管线探测成果精度指标

(1)隐蔽管线点的平面位置探测中误差不应大于 $\pm 0.05h$，管线埋深探测中误差不应大于 $\pm 0.075h$。其中，h 为管线中心埋深，单位为 cm，当 h 小于 100 cm 时以 100 cm 代入计算。管线详查时，管线平面位置和埋深探查精度可另行约定。

(2)明显管线点的埋深量测中误差不应大于 ± 2.5 cm。

2. 地下管线测量成果精度指标

用于测量管线的控制点相对于邻近控制点平面点位中误差和高程测量中误差不应大于 ± 5.0 cm。

管线点的平面位置测量中误差不应大于 ± 5.0 cm(相对于邻近控制点)，高程测量中误差不应大于 ± 3.0 cm(相对于邻近控制点)。

5.2.9　地下管线探测成果资料完整性检验

(1)提交的成果报告和存档资料的完整性；

(2)提交的成果报告、资料中的文字表述、数据的正确性；

(3)资料的齐全性、规范性；

(4)各类资料整饰、装订的规整性，签字的完整性。

5.2.10　地下管线探测成果资料检查报告

地下管线探测成果及资料检查工作完成后，应整理检查记录、检查结论等相关资料，并根据规程、规范和工程要求编制检查或检验报告。质量检查或检验报告应至少包括以下内容。

(1)工程概况；

(2)技术依据；

(3)抽样情况；

(4)检查内容及方法；

(5)精度统计与质量评价；

(6)主要质量问题及处理情况；

(7)附件。

质量检查或检验报告应作为提交验收资料或归档资料的一部分。

5.3　地下管线探测成果检验流程

地下管线探测成果检验流程包括检验前准备、抽样、成果质量检验（包括详查、概查）、质量评定、报告编制和资料整理，如图5-1所示。

地下管线探测成果检验流程的主要内容如下。

(1)地下管线探测成果检验前应收集项目主要技术文件，主要包括项目技术设计书、项目专业技术设计书、项目质量检查报告、项目技术总结、项目专业技术总结、成果表单及委托合同(协议)，以及项目特殊需求等。查阅相关技术资料及标准，核查上一级检查完成情况，明确检验的内容、方法、要求，准备检验仪器设备等物资，与委托方沟通后制订工作计划，形成切实可行的检验工作方案。

(2)依据检验工作方案的抽样原则和要求确定抽样方案，抽样并提取相应样本数据及资料。

(3)结合检验依据和要求、委托方特别要求，对样本数据及资料进行详查，对其他成果进行概查。

(4)整理检验过程记录、分析评价成果质量，评定或核定单位成果质量等级，判定批成果质量。

(5)整理检验过程记录、成果质量评价结论，编制检验报告。

(6)整理检验有关资料并按相关要求提交归档。

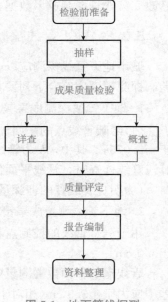

图 5-1　地下管线探测成果检验流程

5.3.1　地下管线探测成果资料抽样

地下管线探测成果检验时，首先应知悉交检的成果是否能构成规程、规范要求的批成果[批成果是指同一技术设计要求下生产的同一测区的、同一比例尺（或等级）单位成果集合]，明确单位成果的基本单位、单位成果的数量（批量）、宜采用的抽样方式；其次，依据批成果情况确定批量，抽取符合要求的样本数据及资料。

1. 单位成果确定

地下管线测量单位成果的划分方式如下。

(1)当检验管线的取舍合理性与完整性、关联成果一致性、符号与线画质量、注记质量、接边质量时，以图幅为单位划分单位成果。

(2)当检验地下管线图的数学精度时，以点为单位划分单位成果。

依据项目相关技术文档及成果资料等，确定单位成果总数。

2. 抽样方式

成果抽样可采用简单随机抽样和分层随机抽样方式。

(1)简单随机抽样。简单随机抽样是指从批成果中抽取样本时，使每一个单位成果都以相同概率构成样本，可采用抽签、掷骰子、查随机数表等方法。此方法在日常检验工作中属于常用类型。

(2)分层随机抽样。分层随机抽样是指按作业工序或生产时间段、地形类别、作业方法等差异性将应为一个批成果的批量分层划分为不同的层(不同批次)，再依据各层(批次)中的样本量分别随机抽取单位成果组成相应批次的样本。此方法主要应用于项目规模较大、工艺较为复杂、工序流程较多、生产时间较长等情况的批成果，相对于简单随机抽样方式日常应用少。

无论采用何种抽样方式，样本均应尽量分布均匀。

样本资料应与提交的成果类型一致。当检验样本资料不完整且对实施检验存在影响时，应停止抽样。

下列资料按100%提取样品原件或复印件。

(1)项目设计书、专业设计书，生产过程中的补充规定。

(2)技术总结、检查报告及相应检查记录。

(3)外业原始记录。

(4)仪器检定和检校资料。

(5)其他需要的文档资料。

抽样时应填写地下管线探测成果检验抽样单。

3. 检验批与样本量的确定

确定批成果中单位成果的数量后，可依据《测绘成果质量检查与验收》(GB/T 24356—2023)、《管线测量成果质量检验技术规程》(CH/T 1033—2014)中"批量与样本量对照表"的规定要求抽取样本。当检验的图幅单位成果总数大于等于201幅时，应以图幅为单位对全测区的成果划分检验批次，批次数量应最小，各批次的批量应均匀。

5.3.2 检验内容与方法

检验内容及权重按"地下管线测量成果质量元素及权重表"中规定的质量元素和检查项目确定，涉及的检验对象应包括控制测量、地下管线图和资料。

一般采用人工核查的方式进行检验。地下管线图的地理精度、逻辑一致性、整饰质量中的部分检查项目宜采用经批准或鉴定合格的数据检查软件辅助检验。

地下管线测量成果质量错漏分类应按"地下管线测量成果质量错漏分类表"中的规定执行。

粗差处理应符合下列要求。

(1)高精度检测时，在允许中误差2倍以内(含2倍)的误差值均应参与数学精度统计，超过允许中误差2倍的误差视为粗差；同精度检测时，在允许中误差$2\sqrt{2}$倍以内(含$2\sqrt{2}$倍)的误差值均应参与数学精度统计，超过允许中误差$2\sqrt{2}$倍的误差视为粗差。

(2)当任一检查项目的粗差比例超过样本点总数的5%时，判定为不合格；当任一检查项目的粗差比例未超过样本点总数的 5% 时，对粗差点的处理执行数学精度评分方法的规定。

5.3.3 质量等级与评分

1. 质量等级

地下管线探测成果单位成果及样本质量按优、良、合格和不合格 4 级评定。批成果质量判定采用合格和不合格两级。

测绘单位评定单位成果质量和批成果质量等级。验收单位根据样本质量等级核定批成果质量等级。

2. 不合格判定条件

当检查项目中出现以下情况之一时，即判定为不合格。

(1)生产过程中使用未经计量检定、检定不合格或超过有效检定期限的测量仪器。

(2)出现"管线测量成果质量错漏分类表"所列的 A 类错漏。

(3)数学精度检验，任一检查项目各项中误差超限或超限严重。

(4)数学精度检验，任一检查项目粗差比例超过 5%。

(5)以图幅为单位的成果的任一检查项目得分低于 60 分。

3. 质量元素权重的调整原则

在通常情况下，不宜调整质量元素、质量子元素的权重，当检验对象不是最终成果且有特殊要求(如一个或几个工序成果、某几项质量元素等)时，按"质量元素和检查项对照表"所列相应权重的比例调整质量元素的权重，调整后的成果各质量元素权重之和应为 1.00，且应在相应技术报告内容中做出特别说明，阐明调整的依据或其他佐证材料。

4. 数学精度评分

数学精度值分为中误差数值、粗差比例和隐蔽管线点开挖合格率 3 类。

按表 5-4 的规定采用分段直线内插的方法计算质量分值，进行多项数学精度评分时，若单项数学精度得分均大于 60 分，则根据"管线测量成果质量元素及权重表"的权值规定进行加权计算。

表 5-4　数学精度评分标准

数学精度值	质量分数
$0 \leqslant M \leqslant 1/3 \times M_0$	$S = 100$ 分
$1/3 \times M_0 < M \leqslant 1/2 \times M_0$	90 分 $\leqslant S < 100$ 分
$1/2 \times M_0 < M \leqslant 3/4 \times M_0$	75 分 $\leqslant S < 90$ 分
$3/4 \times M_0 < M \leqslant M_0$	60 分 $\leqslant S < 75$ 分

$$M_0 = \left| \pm \sqrt{m_1^2 + m_2^2} \right|$$

式中　M_0——允许中误差的绝对值，或允许的粗差比例，或允许的隐蔽点开挖合格率；

m_1——规范或相应技术文件规定的成果中误差的限值，或允许的粗差比例，或允许的隐蔽管线点开挖合格率；

m_2——检测中误差(高精度检测时，取 $m_2 = 0$)；涉及粗差比例或隐蔽管线点开挖舍格率时，取 $m_2 = 0$。

注：1. M——实际成果中误差的绝对值，或实际的粗差比例，或实际的隐蔽管线点开挖合格率；

2. S——质量分数(分值根据数学精度值在其对应的区间进行内插)。

5. 质量错漏扣分标准

地下管线探测成果的质量错漏扣分标准分为四类，分别为 A 类、B 类、C 类、D 类。

具体扣分标准及系数调整详见表 5-5。

表 5-5　质量错漏扣分标准

错漏类型	扣分值/分
A类	42
B类	$12/t$
C类	$4/t$
D类	$1/t$
注：对于一般的错漏取 $t=1$。需要进行调整时，以困难类别为原则进行调整（平均困难类别 $t=1$）。	

6. 质量子元素评分方法

(1)数学精度按评分方法的要求进行评定，得到其质量子元素分值 S_2。

(2)其他质量子元素：首先将质量子元素得分预置为 100 分，根据质量错漏扣分标准表的要求对相应质量子元素中出现的错漏逐个扣分。S_2 的值按式(5-8)计算。

$$S_2 = 100 - \left[a_1 \times \left(\frac{12}{t} \right) + a_2 \times \left(\frac{4}{t} \right) + a_3 \times \left(\frac{1}{t} \right) \right] \tag{5-8}$$

式中　S_2——质量子元素得分；

　　　a_1、a_2、a_3——质量子元素中相应的 B 类错漏、C 类错漏、D 类错误个数；

　　　t——扣分值调整系数。

7. 质量元素评分方法

采用加权平均法计算质量元素得分，按式(5-9)进行计算。

$$S_1 = \sum_{i=1}^{n} (S_{2i} \times p_i) \tag{5-9}$$

式中　S_1、S_{2i}——质量元素、相应质量子元素得分；

　　　p_i——相应质量子元素的权重；

　　　n—质量元素中包含的质量子元素个数。

8. 单位成果质量评分

采用加权平均法计算单位成果质量得分，按式(5-10)进行计算。

$$S = \sum_{i=1}^{n} (S_{1i} \times p_i) \tag{5-10}$$

式中　S、S_{1i}——成果质量、相应质量元素得分；

　　　p_i——相应质量元素的权；

　　　n——质量元素中包含的质量元素个数。

5.3.4　成果质量评定与核定

(1)当单位成果中出现以下情况之一时，即判定为不合格：

1)单位成果中出现 A 类错漏；

2)单位成果高程精度检测、平面位置精度检测及相对位置精度检测，任一项粗差比例超过 5%；

3)质量子元素质量得分小于 60 分。

137

（2）根据成果的质量得分，按表 5-6 划分质量等级。

表 5-6　质量等级评定标准

质量等级	质量得分
优	$S \geqslant 90$ 分
良	75 分 $\leqslant S <$ 90 分
合格	60 分 $\leqslant S <$ 75 分
不合格	$S <$ 60 分

5.4　地下管线探测成果验收与提交

验收工作应在探测单位自检合格，工程监理单位检查认可后，由探测单位提出书面或者口头验收申请，经委托方批准后实施。

5.4.1　地下管线探测成果验收

1. 地下管线探测成果验收的形式

地下管线探测成果的验收，可结合探测项目所在地的具体要求、委托方要求进行组织，可采用有检验能力或资质资格的第三方检验机构进行第三方质量检验、专家组（专家委员会）验收、第三方质量检验＋专家组（专家委员会）验收等形式。

（1）有检验能力或资质资格的第三方检验机构进行第三方质量检验，检验过程及要求可参照本书关于地下管线探测成果检验依据、要求、方法、流程等相关内容组织实施，并出具符合规程规范要求的、由检验机构签字签章的项目质量检验报告。

（2）专家组（专家委员会）验收是指在探测项目完成并经探测单位检验合格，提交委托方组织验收时，由委托方邀请知名专家（或行业学者）、委托方代表、管线相关主管部门人员等共同组成项目验收专家组（专家委员会）对地下管线探测成果进行验收。

（3）第三方质量检验＋专家组（专家委员会）验收是指某一个地下管线探测项目，既采用第三方质量检验的形式对地下管线探测成果进行质量检查和初次验收，同时在探测单位自行检验合格、第三方检验合格的基础上，组织专家进行的项目成果最终验收。部分地区已将专家组（专家委员会）验收视为比较权威的一种形式，并将专家组（专家委员会）的验收意见作为项目后期工作完善的重要文件之一。

2. 验收资料的内容

提交验收的地下管线探测成果资料宜包括但不限于下列内容。

（1）工作依据文件：任务书或合同书、经批准的技术设计书；

（2）工程凭证资料：所利用的已有成果资料，坐标和高程的起算数据文件以及仪器的检定、校准记录；

（3）探测原始记录：探查草图、管点探查记录表（或者相应的电子记录）、控制点和管线点的观测记录和计算资料、各种检查和开挖验证记录及管线权属单位审图记录等；

（4）作业单位质量检查报告及精度统计表、质量评价表；

（5）成果资料：综合地下管线图、专业地下管线图、地下管线断面图、控制点成果、地下管线成果表及地下管线图形和属性数据文件。

5.4.2　地下管线探测成果资料归档整理

1. 地下管线探测成果资料的分类

归类、排序保证文件齐全完整，项目档案资料分为文字、表格、图件、数据光盘四大类，分别如下。

（1）文字资料。文字资料为一卷，每一条目各自装订为一册，然后按下列顺序排序装盒。文字资料如下。

1）任务合同书；

2）技术设计书；

3）探测方法试验及一致性校验报告（附：探测方法试验记录表、探测仪一致性校验表）；

4）控制测量报告（附：仪器校验资料、测量控制点成果表、控制测量记录手簿及计算资料、导线网略图）；

5）质量自检报告（附：明显管线点检查表、隐蔽管线点检查表、隐蔽管线点开挖检查表、管线点测量检查成果表）；

6）技术总结报告；

7）质量监理报告（附：明显管线点检查表、隐蔽管线点检查表、隐蔽管线点开挖检查表、管线点测量检查成果表）；

8）工程验收报告。

（2）表格资料。

1）管线原始草图；

2）管线点成果表。

其中，管线原始草图以专业图为单位装订成册；管线点成果表以案件为单位装订成册，每一本管线点成果表都必须有封面、制表说明、目录。

（3）图件资料。

1）综合地下管线图；

2）专业地下管线图。

（4）数据光盘。数据光盘各提交一套，每套光盘应有一份文件名册。

2. 归档整理工作的内容

（1）鉴别、补救、保证案卷质量。

1）归档文件材料内容真实，应是项目生产过程中直接形成的。

2）归档文件材料准确、有效。应经过审批、检查、验收程序，负有责任的各方在文件指定的位置签署意见，并签名、盖章、注明日期。

3）归档文件资料应耐久，所用的笔墨纸张、薄膜、磁盘等载体材料应质量优良。书写应采用不褪色的黑色或蓝黑色墨水，字迹应端正、清晰、易辨。

（2）统一规格、组成案卷。

1）文字资料、管线点探查记录表为 A4 幅面，管线点成果表为 A4 幅面，图纸为 500 mm×500 mm 标准幅面，文字资料、表格资料以及图纸均用标准封面档案盒封装。

2）由业主单位统一提供的档案封装载体有文字资料档案盒、管线点探查表档案盒、管线点成果表档案盒、综合地下管线图档案盒。

5.4.3 地下管线探测成果移交

验收合格后的地下管线探测成果资料，应及时移交归档。地下管线探测成果提交应分为向用户提交和归档提交。向用户提交应按任务书或合同书的规定提交成果资料，归档提交应包括成果验收规定的全部资料和验收报告。

移交地下管线探测成果资料时应列出清单或目录逐项清点，并办理交接手续，资料交接双方均应存留资料移交凭证。

5.5　典型案例分析

5.5.1　案例背景

昆明市城市地下管线普查探测项目历时 2 年，完成了主城区超过 300 km² 范围内的城市地下管线普查探测工作，共普查给水、排水（雨水、污水、合流）、电信、煤气、热力、电力、工业和有线电视 8 种管线总长超过 7 000 km、管线点布设超过 460 000 个，绘制 1：500 综合地下管线图超过 3 000 幅；同时，以标准化探测数据为核心，建立了昆明市地下管线信息管理系统，使地下管线探测数据及时入库管理。该项目需要在有限时间内完成海量地下管线合格数据的采集与管理，对项目的管理特别是质量控制方面提出了严格的要求。

5.5.2　存在的困难与问题

（1）该项目共涉及昆明市主城 4 个行政区。在各行政区域范围内又以道路、居民地等地理要素划分测区单元，共分为 12 个测区，涉及探测单位 4 家，每家探测单位又依据自身工作安排划分若干个作业分区，交由不同作业小组完成，造成涉及作业单位多、参与技术人员复杂等问题，给整个项目的质量控制与管理带来了较多的问题与困难。

（2）地下管线的专业特性各不相同，地下管线种类复杂，专业性强，探测中测量采集的数据量大、属性要素种类多。管线点、管线段的属性有 30 余项，附属物边界数据的属性有 20 余项，其他还包括测区基本信息数据、图幅基本数据、管线注记数据、图上点号注记数据等，因此，成果数据库的数据表结构复杂属性，数据量大。

（3）参与普查探测单位 4 家，各单位对普查规范、数据规定的理解掌握不同，工作方法存在差异，导致成果数据的质量特性有所不同。

5.5.3　问题分析与策略

1. 地下管线数学精度检测

依据项目计划及实际工作进度，采用分层随机抽样的形式抽取检验样本，分层依据为探测单位、工作阶段等。对于明显、隐蔽管线点的埋深及平面位置中误差，运用重复探测的方法采集数据，进而计算得出较差，在超差率符合规范要求的情况下统计检测中误差；同时，依据规范对隐蔽管线点进行必要开挖验证作业。对于管线点测量精度的检测，采用全站仪外业散点法进行数据采集和数据统计分析，对成果质量进行量化评定。

2. 要素质量检验

（1）数据及结构正确性的检验：采用管线成果数据批处理子系统、Access 数据库技术对成果数据的文件命名、数据组织、数据格式、要素分层、属性代码、属性接边的正确性、完备性进行检验。

（2）地理精度的检验：采取外业巡视的方法对图面地理要素的正确性及数据完整性，各要素、注记和符号的正确性，地理要素的协调性，综合取舍的合理性，接边质量等进行检查。

（3）整饰质量的检验：按照图式和规范要求，对 1：500 综合地下管线图打印图纸的图面整饰进行检验。进行图廓数学基础检测，用方格网尺量取图廓各项实际值，求出其与理论值之差，最终计算和统计出质量综合得分。

5.5.4　经验总结

（1）地下管线普查探测项目的代表性区域选择在工程进行过程中十分重要，通过对具有代表性区域的重点检查，能够实现举一反三，促进探测队伍针对出现的普遍存在的问题进行重点整改，并以此促进项目质量的整体提升。

（2）有效的检查手段及权重设置能够保证项目在满足质量要求的前提下顺利实践，检查手段的设置合理科学，既能够满足工程的质量条件，又能够满足工期的要求。

（3）GIS 技术在现代地下管线质量检验中能够有效提升数据成果的质量，通过 GIS 方法对数据质量进行跟踪，能够最大限度地减少人工介入，在客观、真实的数据基础上促进地下管线普查探测数据质量的提升。

复习思考题

一、填空题

1. 检验工作流程包括检验前准备、＿＿＿＿＿＿、＿＿＿＿＿＿、＿＿＿＿＿＿、报告编制和资料整理。

2. 探查质量检查应包括下列内容：明显管线点的＿＿＿＿＿＿；隐蔽管线点的＿＿＿＿＿＿和＿＿＿＿＿＿；管线漏查率和连接关系正确率；管线属性调查正确率。

3. 在明显管线点和隐蔽管线点中分别抽取不少于各自总点数的＿＿＿＿＿＿且不少于＿＿＿＿＿＿点进行同精度质量检查。

二、判断题

1. 管线点的平面位置测量中误差不应大于±50 mm（相对于邻近控制点），高程测量中误差不应大于±30 mm（相对于邻近控制点）。（　　）

2. 单位成果中只要不出现 A 类错漏即可判定为"批合格"。（　　）

3. 当样本量少于 20 个时，可采用加权平均法计算成果质量得分。（　　）

三、简答题

1. 简述地下管线探测成果资料的抽样方式。

2. 简述地下管线探测成果质量和测量成果质量的抽检比例。

3. 简述地下管线探测成果质量评定不合格的判定条件。

项目 6

地下管线探测成果资料整理

知识要点	能力要求	权重
地下管线探测技术设计书	查阅《测绘技术设计规定》(GH/T 1004—2005)，了解地下管线探测技术设计的要求与内容；掌握地下管线探测技术设计书的编写方法；能够编写地下管线探测技术设计书	40%
地下管线探测项目总结报告	查阅《测绘技术总结编写规定》(CH/T 1001—2005)，了解地下管线探测项目总结报告的要求与内容；掌握地下管线探测项目总结报告的编写方法；能够编写地下管线探测项目总结报告	30%
地下管线探测项目检验报告	查阅《数字测绘成果质量检查与验收》(GB/T 18316—2008)检验报告的编写内容及要求，了解地下管线探测项目检验报告的要求与内容；掌握地下管线探测项目检验报告的编写方法；能够编写地下管线探测项目检验报告	30%

任务描述

地下管线探测技术设计书、项目总结报告和项目检验报告是地下管线探测工程项目的重要技术资料。地下管线探测技术设计书用于指导地下管线探测作业，是实现项目成本目标、质量目标、进度目标和安全目标的基础。地下管线探测项目总结报告是研究和使用工程成果资料，是了解工程施工项目概况、作业过程中存在的问题、技术处理手段和建议的综合性资料。地下管线探测项目检验报告通过检验活动判定探测工序是否规范、判断探测成果质量是否符合规定要求或设计标准，其是项目验收的重要依据。地下管线探测从业人员应具备编写地下管线探测技术设计书、项目总结报告、项目检验报告的能力。

职业能力目标

在进行地下管线探测成果资料整理相关工作时，需要了解地下管线探测技术设计书、项目总结报告及项目检验报告的要求与内容，掌握编写方法，能够编写地下管线探测技术设计书、项目总结报告及项目检验报告。学习完本项目内容后，应该达到以下目标：

（1）了解地下管线探测技术设计书的要求与内容；

（2）了解地下管线探测项目总结报告的要求与内容；

（3）了解地下管线探测项目检验报告的要求与内容；

（4）掌握地下管线探测技术设计书的编写方法；

（5）掌握地下管线探测项目总结报告的编写方法；

（6）掌握地下管线探测项目检验报告的编写方法；

（7）能够编写地下管线探测技术设计书、项目总结报告及项目检验报告。

🎯 典型工作任务

在地下管线探测项目施工前，需要根据项目要求、场地条件和探测单位情况选择最佳方案，编写地下管线探测技术设计书，指导探测工作，保证探测成果符合技术标准和项目要求，并获得最佳的社会效益和经济效益。地下管线探测结束后，还需要对项目探测过程中规范和技术设计的执行情况、项目完成情况、存在问题及项目质量等编写地下管线探测项目总结报告。经检验的地下管线探测项目，检验结束后需要编写地下探测项目检验报告，对地下管线探测成果的规范性、准确性及质量等级等进行评价。

📖 情境引例

信念是一种精神力量，是一个人勇往直前的动力。江西省物探研究院的黄进调始终坚定自己的信念，将理想深藏于心灵的最深处，不曾因为任何环境的改变而发生动摇。

随着地勘行业的萎缩，恰逢国家发布了《国务院办公厅关于加强城市地下管线建设管理的指导意见》，地下管线探测市场迎来了美好前景，江西省物探研究院陆续中标崇仁县、定南县、安福县、万载县、井冈山市新城区、宜丰县这6个县区的地下管线探测项目。

在崇仁项目中，黄进调跟着合作单位仅学习了4天的地下管线探测技术，心里还带着些许疑惑，便被派往定南县担任地下管线探测项目的技术负责人，面对新方法、新技术，又恰逢六月酷暑，黄进调胆怯过却不曾退缩，迎难而上。

身为技术负责人，需要对测区内任务进行梳理，编制实施方案、进度计划、资源需求量计划。黄进调白天做外业，晚上整理当天采集的数据、学习相关软件规范，为弄懂一个问题或一个技术操作，经常熬夜想办法。面对遇到的技术难题，他虚心向师傅们请教，电话里说不清的，直接把师傅请到现场解决，坚决不留下一个问题，最终在大家的共同努力下顺利完成了外业探测。转至内业后他又碰到编制成果报告、质量检查报告、分图幅等一系列问题，他经过两个多月的努力、摸索，终于顺利完成了项目，他也由此变成了一位整理内业资料的能手。

6.1 地下管线探测技术设计书

地下管线探测技术设计书是根据项目要求、场地条件及探测单位作业能力设计切实可行的技术方案，设计的技术路线、地下管线探测流程和探测方法既要符合法律、法规及技术标准，又要兼顾探测单位的实际情况、探测人员的素质和探测设备等，选择最佳方案。保证探测成果符合技术标准和项目要求，并获得最佳的社会效益和经济效益。

6.1.1 编写要求

(1)地下管线探测技术设计书应在地下管线探测项目实施前由探测单位完成，并报委托方审批。

(2)技术设计人员应具有地下管线探测相关的专业理论知识和生产实践经验，具备完成技术设计的能力。技术设计一般应由承担探测任务的项目负责人或技术负责人完成。

地下管线探测相关的专业理论和生产实践经验通常指具有物探、测量、地质勘察等相关专业学历且参加过地下管线探测能力培训并通过考核，具有 3 年以上地下管线探测项目施工、管理相关经历；或者具有中专以上学历且参加过地下管线探测能力培训并通过考核，具有 5 年以上地下管线探测项目施工、管理相关经历。

(3)技术设计应充分考虑用户的要求，引用适用的国家、行业或地方的相关标准，重视社会效益和经济效益。

(4)技术设计应先考虑整体而后考虑局部，根据测区的实际情况，考虑探测单位的资源条件(如人员的技术能力和软、硬件配置情况等)，选择最合适的方案。

(5)积极采用合适的新技术、新方法和新工艺。

(6)认真分析和充分利用已有的探测成果和资料。

(7)进行地下管线探测技术设计之前，应完成下列技术准备工作。

1)充分了解项目招标文件、合同或任务书的要求。

2)收集相关国家、行业或地方技术标准及有关的法律、法规要求。

3)收集测区信息和已有相关地下管线成果资料。

4)进行现场踏勘，了解测区工作环境、管线情况及场地的地物特征。

5)进行探测方法试验和仪器校验，确定探测方法和仪器设备。

(8)在收集资料、现场踏勘、资料分析的基础上拟定技术路线、技术方案。

6.1.2 地下管线探测技术设计书的内容

地下管线探测技术设计书的内容通常包括工程概况，测区概况，已有资料及可利用情况，执行的标准规范或其他技术文件，探测仪器、设备等计划，探测方法与技术措施要求，施工组织与进度计划，质量、安全和保密措施，拟提交的成果资料和有关的设计图表等。地下管线探测技术设计书的封面设计、提纲编制及内容编排、字体字号等详细内容，可参照行业技术规程《测绘技术设计规定》(CH/T 1004—2005)要求执行。

1. 工程概况

工程概况应主要说明地下管线探测项目来源、项目委托单位和承担单位、工作目的与任务、工作量、测区范围、探测内容、完成期限等情况。

2. 测区概况

测区概况应主要说明与地下管线探测作业密切相关的测区环境条件、地物特征、管线及其埋设状况等，包括下列内容。

(1)测区的地理位置、行政隶属、交通情况。

(2)测区管线及其周边土体的地物性质(如导电性、电磁波和弹性波传播特性等)以及探测过程中可能存在的电磁干扰等地物特征。

(3)测区的地形概况、地貌特征，包括道路、水系、居民地、植被等要素的分布与主要特征等。

(4)测区内管线情况，包括各类管线的分布、敷设形式、材质、埋深等。

(5)测区的气候情况，包括气候特征、风雨季节等。

(6)测区范围内工程地质、水文地质情况。

(7)其他需要说明的测区情况等。

3. 已有资料及可利用情况

已有资料及可利用情况需要说明测区内地形图、测量起算数据、已有管线数据资料等基础地理信息数据的数量、形式、主要技术指标(测绘基准、比例尺、精度、数据格式、数据结构等)、规格和形成年代等；说明已有资料利用的可能性和利用方案。

在现场踏勘的基础上，对收集的资料进一步分析，主要从精度、可靠性、准确性、现势性、规范性等方面加以分析，以确定哪些资料可以直接加以利用，哪些资料经过修改补充完善后可以利用，哪些资料仅供参考使用，哪些资料无利用价值等。

(1)管线资料的分析评价：对被利用的管线成果和各类图件，要分析其管线信息的准确性、可靠性。

(2)测量资料的分析评价：对被利用的测量起算数据，要分析其坐标系统与高程系统是否与工作要求一致，精度是否不低于现行规范的精度指标。对被利用的地形图资料，应分析其比例尺、精度、现势性是否与要求施测的地下管线图比例尺精度一致，现势性是否满足地下管线图要求。对比例尺和精度满足要求但现势性差的地形图应提出修测方案。

对已有资料进行正确的评价、分析、利用，作为优化的施工方案，以利于加快工程进度，节约资金、避免浪费。

4. 执行的标准规范或其他技术文件

该部分需要说明项目设计过程中所引用的标准、规范或其他技术文件，应分别罗列引用规程、规范或其他技术文件的名称、编号等信息。拟采用主要技术指标及规格部分主要说明地下管线探测项目所采用的坐标系统、高程基准、比例尺、分幅编号、取舍标准、精度要求、数据基本内容、数据格式等针对整个项目实施的宏观性主要技术指标及规格。

编制设计引用技术文件和拟采用主要技术指标及规格部分，须紧紧围绕工程目的、用户需求、行业规定等引用相应的标准、规范或其他技术文件，并设计最优的主要技术指标及规格。

📖 **知识拓展**

地下管线探测项目可引用的规程、规范如下：

《测绘成果质量检查与验收》(GB/T 24356—2009)。

《地下管线数据获取规程》(GB/T 35644—2017)。

《管线要素分类代码与符号表达》(CH/T 1036—2015)。

《管线信息系统建设技术规范》(CH/T 1037—2015)。

《城市综合地下管线信息系统技术规范》(CJJ/T 269—2017)。

《城市地下管线探测技术规程》(CJJ 61—2017)。

《城市工程地球物理探测标准》(CJJ/T 7—2017)。

《卫星定位城市测量技术标准》(CJJ/T 73—2019)。

《城市测量规范》(CJJ/T 8—2011)。

《城市地下管线探测工程监理导则》(RISN-TG011-2010)。

5. 探测仪器、设备等计划

探测仪器、设备等计划说明为按设计要求完成工作任务拟投入的探测仪器、设备等计划，包括探测仪器、设备的名称、型号、数量等。探测仪器、设备如下。

(1)主要管线探查、管线测量仪器、数据处理设备等。

(2)探测所需的主要交通工具、探测工具、通信联络设备及其他必需的装备等。

(3)生产过程中使用的数据处理、地下管线图编绘软件等。

6. 探测方法与技术措施要求

探测方法与技术措施要求说明地下管线探测项目涉及的主要程序的施工方法与技术措施要求，包括所采用的技术方案、工艺流程、检查方法等。地下管线探测过程的主要程序包括管线探查、管线测量及数据处理与图形编绘等。

(1)管线探查。管线探查是指采用实地调查与仪器探查相结合的方法，查明目标管线在地面上的投影位置及其埋深，并查明相应管线属性。

管线探查的内容包括探查方法试验与仪器检验、管线点的设置要求、明显管线点实地调查、隐蔽管线点地球物理探查等。

1)探查方法试验与仪器检验。

2)管线点的设置要求。包括管线点设置、编号和地面标志设置要求。

管线探查的物探方法有多种，各种物探方法都有其各自的应用条件和探测效果。因此，实施管线探查作业前，应对拟采用的探查方法进行试验，从而确定方法技术的有效性和最小收发距、最佳收发距、探测频率、发射功率和埋深修正系数等参数指标。管线探查应使用经过探查方法试验证明有效且探查精度满足要求的物探方法。

管线探查工作开始前，还应对准备投入使用的所有探查仪器按照有关技术要求和仪器检验相关规定进行全面检验，未检验或检验不合格的仪器不能投入使用。

探查方法试验和仪器检验可以结合进行。探查方法试验应选择在探查区域或邻近的已知管线上进行，管线的平面位置和埋深可通过邻近明显点或开挖确定。准备投入使用的所有仪器采用相应的探查方法对该管线进行探查方法试验，要做好详细记录，并作为探测成果的一部分。不同类型(如种类、材质、埋设方式、埋深等)的管线、不同的地球物理条件的地区应分别进行探查方法试验。

3)明显管线点实地调查。应说明各类管线在实地应记录的属性数据及量测方法、精度要求。

4)隐蔽管线点地球物理探查。要根据任务要求，详细说明不同的探查对象和地球物理条件下适用的探查方法和参数设置，定位、定深方法和精度要求等。

(2)管线测量。管线测量的内容包括控制测量和管线点测量。

1)控制测量。控制测量包括平面控制测量和高程控制测量。

①平面控制测量是指测区内平面等级控制测量和图根控制测量。它们是实测地下管线点和地物点平面位置的依据。

②高程控制测量是以城市等级水准点为依据，沿管线点、图根点布设水准路线或采用

电磁波三角高程测量方法，当采用电磁波三角高程测量方法时与导线测量同时进行。

该部分应说明平面和高程控制点的选点、标志埋设、测量、平差计算方法及其技术要求。

2）管线点测量。管线点测量包括已有管线测量、地下管线定线测量与竣工测量、带状地形测量。管线点测量的内容包括测定并计算管线点的平面坐标和高程，提供管线点测量成果。

根据测量任务要求，说明管线点测量方法、技术要求和精度指标等。

（3）数据处理与图形编绘。数据处理与图形编绘是指在计算机软件的辅助下进行管线属性数据的输入和编辑、管线属性数据文件建立、管线图形文件生成和成果表输出等。数据处理与图形编绘软件要求经过生产实践检验，并且数据输入、检查、编辑、自动生成管线图、管线图注记、成果输出等功能齐全，扩展性好，运行稳定方可投入工程应用。

数据处理与图形编绘要说明工作内容、数据处理方法与图形编绘方法及其技术要求、数据处理与图形编绘的流程、数据处理软件概况等。

7. 施工组织与进度计划

（1）施工组织。地下管线探测项目施工组织机构设置的目的是产生组织功能，实现地下管线探测项目的总目标。施工组织包括下列内容。

1）施工组织：说明项目管理的组织机构形式、组织管理措施、项目岗位设置及其职责权限。

2）人员配置：说明项目负责人及其他管理、技术人员选用条件，拟投入项目施工人员的岗位、职称、资格等。

（2）进度计划。对一个工程项目，其实施进度安排是否合理，在实施过程中是否按照计划执行，这直接关系到工程项目经济效益目标的实现。按时保质完成项目是每一位项目负责人最希望做到的，但工期拖延的情况时有发生，因此合理安排进度是项目管理的一项关键内容，它的目的是保证按时完成项目、合理分配资源、发挥最佳工作效率。进度计划包括以下内容。

1）根据合同、设计方案，统计分析地下管线探测项目各类活动的工作量。

2）根据统计的工作量和探测单位的管理水平、作业人员技术力量、设备状况、施工条件，参照有关生产定额，分别列出项目总进度计划和各单项工程的进度计划。进度计划需要满足项目工期要求。

3）项目进度控制方案。项目进度控制的环节有进度检查、进度分析和进度调整等。

进度检查的目的是弄清项目施工进展程度，是超前还是落后。其检查的内容如下：

①施工进度检查。检查施工现场的实际进度情况，并与计划进度比较。

②设计图纸及设计文件编制工作进展情况检查。

③材料供应或过程产品情况检查。

施工进度检查方法有多种，地下管线探测项目可选用横道图检查法，该方法简单方便，可将每天、每周或每月实际进度情况定期记录在横道图上，用以直观地比较计划进度与实际进度，检查实际的进度是超前、落后还是按计划进行。

通过施工进度分析，仅能发现进度偏差，了解实际进度与计划进度相比是超前还是落后，但不能从中发现产生这种偏差的原因和对后续施工进度的影响。在发现偏差的基础上，必须进一步对进度做分析，为进度的调整提供依据。施工进度分析包括进度偏差原因分析和对后续施工及工期影响分析。

当发现进度有延误，并对后续施工或工期有影响时，一般需要对进度进行调整，以实现进度目标。进度调整的方案有多种，需要择优选择。基本的进度调整方法有改变活动时间的逻辑关系和改变活动的持续时间两种。

8. 质量、安全和保密措施

（1）地下管线探测项目是涉及多工种、多工序的工程，确保地下管线成果的质量达到设计和标准的要求，探测单位须建立完善的质量控制体系和相应控制措施，并在探测过程中严格执行。质量控制措施主要包括以下内容：

1）质量控制目标。地下管线探测质量控制的目标是确保地下管线探测成果能够真实地反映管线的现状。

①探测的区域范围符合规定要求。

②探测的对象正确。

③探测的取舍标准符合规定要求。

④在现有的技术条件下，应探测的管线没有遗漏。

⑤地下管线探测精度和地下管线图测绘精度符合有关规定。

⑥数据采集应满足建立地下管线信息系统的数据格式要求。

⑦成果资料使用的档案载体、装订规格和组卷符合归档要求。

⑧提交的图件、表格、图形数据及入库数据等各类成果保持一致。

2）质量控制方法：对探测作业进行过程分析并规定各工序过程的质量控制方法。

3）质量检查内容和方法：针对质量目标的各项内容逐项采用相应的方法进行检查，确定是否达到质量目标。

（2）地下管线探测工程可能发生交通事故、井下中毒、破坏地下管线等诸多安全隐患，需要探测单位按照国家和行业及工程要求，建立安全管理及保障措施，实行安全生产。安全管理及保证措施主要包括下列内容：

1）目标及管理体系：明确项目安全生产目标及项目安全管理组织体系架构。

2）安全风险源分析：结合当地政治、交通、社会环境和项目作业特点，充分分析项目安全风险源，编写安全风险源分析表。表 6-1 列出了地下管线探测项目常见的安全风险。

表 6-1　地下管线探测项目常见的安全风险

风险类型	风险等级	可能损害结果	风险源辨识
疫情感染	中	人身伤害、疫情扩散	疫情防控期间不遵守防疫规定
中毒	高	重伤、致死	地下管道有限空间、煤气泄漏
爆燃	高	重伤、致死	井室燃气泄漏、有限空间易燃气体聚集
触电	高	重伤、致死	供电电缆破损、架空电力线
火灾	高	人身伤害、财产损失	使用明火、不规范使用电器
烫伤	中	人身伤害	蒸汽或热水溢出
交通事故	高	人身伤害、财产损失	城市道路、交通要道等占道施工
砸伤	中	人身伤害	井盖坠落、高空坠物
跌落	低	人身伤害	下井
动物侵害	低	人身伤害	毒蛇、散养狗等
数据安全	高	数据泄密、丢失	病毒程序、数据管理移交使用归档不规范

3）保障措施：包含体系、管理、技术等方面的相关措施。

4）专项方案：对有较大可能发生安全风险的相关作业，建立安全专项方案，如有限空间作业、占道施工等。

5）应急预案：对可能产生安全事故的突发事件，编写符合相关规定的、操作性强的应急预案。

（3）地下管线资料也属于秘密级国家秘密，探测单位要建立符合地下管线探测工程保密管理规定的管理制度，包括资料、计算机存储、数据成果、数据交接等保密措施。

9. 拟提交的成果资料

该部分应分别说明地下管线探测工程验收完成后要提交的各类成果内容、要求和数量，以及有关文档资料的类型、数量等，主要应包括以下内容：

（1）成果数据：规定数据内容、组织、格式、存储介质及其提交的数量等。

（2）文档资料：规定需要提交的文档资料的类型（包括技术设计文件、技术总结、质量检查报告、必要的文簿、探测过程中形成的重要记录等）和数量等。

10. 有关的设计图表

有关的设计图表主要包括下列内容：

（1）需进一步说明的技术要求。

（2）有关的设计附图、附表等，如项目作业范围图、控制网布设示意图、图幅分幅结合表、控制点埋设标准等。

6.2 地下管线探测项目总结报告

地下管线探测项目总结报告是研究和使用工程成果资料，了解工程施工概况，对作业中存在的问题进行技术处理、建议的综合性资料，是工程技术成果资料的重要组成部分。小型地下管线探测工程项目总结报告可以依据工程实际需求，结合技术设计要求及总结报告要求对内容进行简要处理。地下管线探测项目总结报告应突出重点、文理通顺、结论明确。

6.2.1 编写要求

（1）地下管线探测项目结束后，探测单位应编写地下管线探测项目总结报告。

（2）地下管线探测项目总结报告的编写人应具有地下管线探测相关的专业理论知识和生产实践经验，具备完成地下管线项目总结报告的能力。地下管线探测项目总结报告一般应由承担探测的项目负责人或技术负责人完成。

地下管线探测相关的专业理论知识和生产实践经验通常指具有物探、测量、地质勘察等相关专业学历且参加过地下管线探测能力培训并通过考核，具有 3 年以上地下管线探测项目施工、管理相关经历；或者具有中专以上学历且参加过地下管线探测能力培训并通过考核，具有 5 年以上地下管线探测项目施工、管理相关经历。

（3）地下管线探测项目总结报告内容应完整、真实、重点突出，说明项目实施过程、技术设计的相关要求执行情况、探测成果的质量情况、出现的问题及处理方法和结果。应重点说明探测过程中出现的主要技术问题和处理方法、特殊情况的处理及其达到的效果、经验、教训和遗留问题等。

（4）首次采用某项新技术、新方法和新工艺时，应提供使用情况说明和详细的使用结果、达到的精度统计。

（5）地下管线探测项目总结报告应依据以下内容编制。

1）项目任务书或合同的相关要求。

2）项目技术设计文件、相关的法律法规、技术标准和规范。

3）使用过的已有测绘成果资料。

4）地下管线探测形成的踏勘报告、仪器校验报告、检定证书等。

5）地下管线探测实施情况、工作周期及完成的工作量等信息。

6）地下管线探测成果资料。

7）地下管线探测成果质量检查报告。

8）地下管线探测遗留问题。

6.2.2 地下管线探测项目总结报告的内容

地下管线探测项目总结报告的主要内容由工程概况、技术措施、应说明的问题及处理措施、质量评定、提交的成果清单和附图与附表等部分组成。其封面设计、提纲编制及内容编排、字体字号等详细内容，可参照行业技术规程《测绘技术总结编写规定》（CH/T 1001—2005）的要求执行。

1. 工程概况

工程概况主要说明地下管线探测项目的依据、目的和要求，工程的地理位置、地球物理条件、管线敷设状况，开竣工日期、完成的工作量等，并详细列明探测完成的各管线的长度、明显管线点数和隐蔽管线点数。

2. 技术措施

（1）说明项目实施过程中作为作业依据的相关技术标准、规范，项目技术设计书及技术设计更改文件等。

（2）说明地下管线探测所采用的测绘基准、比例尺、图形分幅、数据格式及其他技术指标情况等。

（3）详细叙述地下管线探测技术设计的执行情况，至少应包括下列内容。

1）说明项目实施过程中技术设计书和相关技术标准、规范的执行情况，技术设计变更情况。

2）在生产过程中采用新技术、新方法和新工艺时应详细描述和总结其应用情况。

（4）详细叙述项目整个实施过程中各类活动所投入的探测人员、仪器设备、软件配置的数量和质量等。

（5）详细叙述整个项目实施过程中各类活动采取的安全和保密措施及达到的效果等。

3. 应说明的问题及处理措施

对项目探测过程中发现的主要问题及成果应用中需要注意的事项做出说明，并说明相关问题的处理措施及其达到的效果。总结项目实施过程中的经验教训，对后续生产提出改进意见和建议。

4. 质量评定

质量评定说明项目的质量检查情况及检验结论，包括检查方法、检查量、检查比例、评价指标及其数学精度，评价项目最终成果的质量情况（包括必要的精度统计）及达到的技术指标。

5. 提交的成果资料

提交的成果资料说明提交成果资料的形式、数量等，主要应包括下列内容。

（1）成果：说明成果数据、图件、报告等资料的名称、类型、数量等。

（2）文档资料：包括技术设计书及其有关的设计更改文件、检查报告、技术总结，以及项目生产过程中形成的其他重要记录。

（3）其他应上交和归档的资料。

6. 附图和附表

附图和附表提供与地下管线探测项目成果相关的附图和附表。

6.3 地下管线探测项目检验报告

地下管线探测成果应在探测单位检查合格的基础上组织质量检验，质量检验可由工程监理单位完成或委托有资质的第三方检验机构完成，并提交地下管线探测项目检验报告，该检验报告是地下管线探测项目验收的重要依据。

6.3.1 编写要求

（1）地下管线探测项目检验结束后应编写地下管线探测项目检验报告，该报告应由检验单位完成。

（2）地下管线探测项目检验报告的编写人员应具有地下管线探测或监理相关的专业理论知识和生产实践经验，具备完成检验报告的能力。地下管线探测项目检验报告一般应由承担检验项目的负责人或技术负责人完成。

探测或监理相关的专业理论知识和生产实践经验是指具有物探、测量、地质勘察等相关专业学历且参加过地下管线探测和工程监理能力培训并通过考核，具有 5 年以上地下管线探测项目施工、监理相关经历；或者具有中专以上学历且参加过地下管线探测和工程监理能力培训并通过考核，具有 8 年以上地下管线探测项目施工、监理相关经历。

（3）地下管线探测项目检验报告应依据以下内容编制。

1）委托任务书或合同的相关要求。

2）受检项目成果资料。

3）检验技术方案、相关的法律法规、技术标准和规范。

4）项目检验过程的检查记录及有关的数据。

（4）项目检验合格应至少满足下列条件。

1）地下管线探测项目成果及资料满足委托合同（协议）、技术设计及相关规程、规范要求。

2）地下管线探查、地下管线测量和成果资料的质量经抽样检查合格。

3）具有清晰合理的检验依据，质量检验记录完整。

6.3.2 地下管线探测项目检验报告的内容

地下管线探测项目检验报告的主要内容包括工程概况、受检成果概述、检验依据、抽样情况、检验内容及方法、主要技术问题及处理、质量综述及样本质量统计和附件等。

1. 工程概况

工程概况说明检验项目来源、检验单位资质、检验时间、检验地点、检验方式和检验使用的软/硬件设备。

2. 受检成果概述

受检成果概述说明成果来源、测区位置、探测方式及受检工作量、成果形式。

3. 检验依据

检验依据说明项目检验依据的标准、规范或其他技术文件。

地下管线探测项目检验依据的标准一般应包括《测绘成果质量检查与验收》(GB/T 24356—2013)、《数字测绘成果质量检查与验收》(GB/T 18316—2008)、《管线测量成果质量检验技术规程》(CH/T 1033—2014)、《城市地下管线探测工程监理导则》(RISN-TG011-2010)。

4. 抽样情况

抽样情况说明受检成果资料的批成果构成、批量数量，采用的单位成果的单位划分情况，采用的样本抽样方式，抽取的样本构成及样本数量等内容。通常情况下以同一单位提交的、同一技术设计适用范围等情况的地下管线成果作为检验批，检验样本以幅、点为单位，抽样方式依据项目特点、周期、工艺复杂性等因素可采用随机抽样或分层随机抽样方式抽取样本，通常情况下采用随机抽样方式，样本数量须符合《测绘成果质量检查与验收》(GB/T 24356—2009)、《管线测量成果质量检验技术规程》(CH/T 1033—2014)的要求。

5. 检验内容及方法

地下管线探测检验的内容包括探测任务完成情况检查、成果资料完整性规范性检查、数据逻辑性检查、成果数据精度(包括管线点的探查精度、管线点的测量精度和管线的接边精度等)检查、成果整饰及附件质量检查等。

检验方法包括室内审查、计算机检查、实地巡查、明显管线点重复调查、隐蔽管线点重复探查、管线点开挖、控制测量检查、管线点重复测量等。

室内审查内容包括探测的区域范围是否满足规定要求，探测的对象是否正确，探测的取舍标准是否符合规定要求，文字资料是否规范准确，表格和数据库是否一致，成果资料使用的载体、装订规格和组卷是否符合归档要求等。

计算机检查内容包括数据采集是否满足建立管线信息系统的数据格式要求、数据的逻辑关系是否正确、管线数据库是否一致、接边精度是否满足要求等。

实地巡查检查内容包括地下管线图中管线和地形地物表示是否正确、应探测的管线有无遗漏、探测区域取舍是否正确等。

6. 主要技术问题及处理

主要技术问题及处理依据检验参数，分别叙述样本成果中的主要质量问题，并说明质量问题处理结果。

7. 质量综述及样本质量统计

检验结束经质量统计后对项目的数据规范性、准确性、地下管线图与管线属性数据的一致性、管线点的各项数学检测精度、开挖结果等进行综述，概括地说明检验结论，并根据《测绘成果质量检查与验收》(GB/T 24356—2023)、《管线测量成果质量检验技术规程》

(CH/T 1033—2014)的要求对工程进行质量等级评定或核定。

依据项目工程的检验过程所涉及的检验工作类别及样本质量情况，分别罗列阐述分类样本的质量统计、精度指标、与规程规范的符合情况等内容，如控制测量情况、管线探查情况、管线测量情况等。

8. 附件

附件即与项目检验过程相关的附图和附表，包括委托检验合同（协议）、检验机构资质资格文件、检查记录表、质量统计表、质量问题及其处理记录等。

6.4 典型案例分析

6.4.1 案例背景

2018 年 4 月 10 日，辽宁某市开发区市政工程施工过程中，挖掘机挖断了附近罐头厂的供电电缆，造成罐头厂停电超过 8 h，罐头厂大量的食品原材料和半成品受损，给该厂造成重大经济损失，所幸没有造成人员伤亡。

6.4.2 存在的问题

施工挖断电缆是典型的施工造成管线破坏事故。施工单位在开工前已经收集了施工区域的管线资料，在地下管线图上挖掘位置处并没有任何管线，因此采取了机挖方式，结果造成了严重的事故。

2017 年 12 月，该开发区刚组织完成地下管线普查探测工作，发生事故处地下管线探测成果与实际情况不符。

6.4.3 分析问题

(1)管线普查探测中漏测了被破坏电缆。通过对现场重新探查，发现被破坏电缆来自道路对面的一个电力检修井，地下电缆越过道路经过事故地点进入罐头厂，长度约为 30 m。

(2)调查发现分支电力井被砖石泥土填满，普查时没有做清理工作，很难发现分支电缆。普查时正值寒冬，井中泥土被冻住是没有清理的主要原因。

(3)普查中事故点附近没有进行盲区管线搜索探测。

(4)普查中没有对探测数据进行认真分析。通过分支电力井的主电缆在分支电力井前后点的电缆条数不一致，探测人员对电缆条数变化未加以重视。

6.4.4 经验总结

(1)在探测过程中如果将窨井中的泥土清理干净，探测人员应该能发现分支电缆，管线漏测问题就不会出现。

(2)管线普查探测过程中，如果在事故处开展了盲区搜索探测，一定会搜索到该电缆。

(3)如果对管线属性数据认真分析，在发现管线段前后点属性数据不一致(如管径变化、电缆条数变化等)时能够思考属性数据不一致是否来源于分支管线，也许这次事故就可以避免。

此次管线漏测造成了较大的经济损失，形成了不良的社会影响，给了地下管线探测人员一个沉痛的教训，地下管线探测人员要引以为戒。地下管线是看不见的隐蔽物，地下管线探测人员的任何一个疏忽都可能造成管线错测、漏测。现在的地下管线探测工程中相当多的地下管线探测人员为了提高探测效率，基本不进行追踪探测和盲区搜索探测，极大地增加了漏测管线的可能性。在工作中，地下管线探测人员要严格按规程要求规范操作，仔细探测，认真分析，真正做到探测成果真实反映管线实际。

复习思考题

一、填空题

(1)地下管线探测技术设计内容通常包括工程概况，测区概况，_____，执行的标准规范或其他技术文件，探测仪器、设备等计划，_____，施工组织与进度计划，质量安全和保密措施，拟提交的成果资料和有关的设计图表等。

(2)地下管线探测项目结束后探测单位应编写_____。

(3)地下管线探测项目总结报告的内容通常由工程概况、_____、应说明的问题及处理措施、_____、结论与建议、提交的成果清单和附件等部分组成。

二、判断题

(1)地下管线探测技术设计书应在地下管线探测项目实施后由探测单位完成。　（　　）

(2)技术设计应先考虑整体，后考虑局部。　（　　）

(3)地下管线探测工程需要考虑工程目的、用户需求、行业规定等引用相应的标准、规范或其他技术文件。　（　　）

三、简答题

(1)地下管线探测技术设计书的主要内容有哪些？

(2)地下管线探测项目总结报告的主要内容有哪些？

(3)地下管线探测项目检验报告的主要内容有哪些？

(4)地下管线探测质量控制的目标有哪些？

附录

地下管线代码与符号

(一)《地下管线数据获取规程》(GB/T 35644—2017)摘录

1. 管线代码

大类	中类	中类代码
长输输电线	高压输电线	CD
长输通信线	陆地通信线	CT
	海底光缆	CH
长输油、气、水输送主管道	油管道	CY
	天然气主管道	CQ
	水主管道	CS
城市管线	电力管线	DL
	电信管线	DX
	给水管线	JS
	排水管线	PS
	燃气管线	RQ
	热力管线	RL
	工业管线	GY
	综合管廊(沟)	ZH
	其他城市管线	QT

2. 管线符号

管线类别	含义	符号
高压输电	转折点	○
	一般管线点	○
	检修井	⬣

管线类别	含义	符号
陆地通信	变电站	
	升压站	
	上杆	
	转折点	○
	一般管线点	○
	人孔	
	手孔	
	交换站	
	上杆	
海底光缆	转折点	○
	一般管线点	○
	人孔	
	手孔	
	交换站	
	上杆	
油管道	变径	
	出地	
	盖堵	
	弯头	○

管线类别	含义	符号
油管道	三通	○
	四通	○
	转折点	○
	一般管线点	○
	阀门井	◐
	检修井	◒
	压力表	◔
	阀门	♂
	阴极测试桩	Y
天然气主管道	变径	▷
	出地	♂
	盖堵	‖
	弯头	○
	三通	○
	四通	○
	转折点	○
	一般管线点	○
	阀门井	◐

管线类别	含义	符号
天然气主管	检修井	
	压力表	
	阀门	
	阴极测试桩	
水主管	测压点	
	测流点	
	水质监测点	
	变径	
	出地	
	盖堵	
	弯头	
	三通	
	四通	
	转折点	
	一般管线点	
	检修井	
	阀门井	
	水源井	

管线类别	含义	符号
水主管	排气阀	⊕
	排污阀	⊖
	水塔	⊘
	泵站	
	阀门	
	进水口	>
	出水口	<
	沉淀池	⊠
电力	转折点	○
	分支点	○
	预留口	○----
	非普查	○---
	入户	○
	一般管线点	○
	井边点	○
	井内点	○
	变电站	
	配电室	

管线类别	含义	符号
电力	变压器	
	人孔	
	手孔	
	通风井	
	接线箱	
	路灯控制箱	
	路灯	
	交通信号灯	
	地灯	
	线杆	
	广告牌	
	上杆	
电信	转折点	
	分支点	
	预留口	
	非普查	
	入户	
	一般管线点	

管线类别	含义	符号
电信	井边点	○
	井内点	○
	人孔	
	手孔	
	接线箱	
	电话亭	
	监控器	
	无线电杆	
	差转台	
	发射塔	
	交换站	
	上杆	
给水	测压点	
	测流点	
	水质监测点	
	变径	
	出地	
	盖堵	

管线类别	含义	符号
给水	弯头	○
	三通	○
	四通	○
	多通	○
	预留口	○-----
	非普查	○---
	入户	○
	一般管线点	○
	井边点	▷
	井内点	↥
	检修井	⊖
	阀门井	⊖
	消防井	⊖
	水表井	⊖
	水源井	⊕
	排气阀（井）	⦶
	排污阀（井）	⦵
	水塔	△

管线类别	含义	符号
给水	水表	◔
	水池	□
	阀门孔	⋈
	泵站	
	消防栓	
	阀门	
	进水口	>
	出水口	<
	沉淀池	⊠
排水	变径	
	出地	
	拐点	○
	三通	○
	四通	○
	多通	○
	预留口	○----
	非普查	○- - -
	入户	○

管线类别	含义	符号
排水	一般管线点	○
	井边点	○
	井内点	○
	沟边点	○
	检修井	⊕
	雨箅	目
	溢流井	○⌐
	闸门井	由
	跌水井	⊘
	通风井	◎
	冲洗井	⊖
	沉泥井	⊗
	渗水井	○↓
	出气井	⊕
	水封井	○
	排水泵站	▭○▭
	化粪池	⊙
	净化池	▤

管线类别	含义	符号
排水	进水口	>
	出水口	<
	阀门	⅁
	阀门井	⊕
燃气	变径	◁▷
	出地	↑
	盖堵	Ⅰ|
	弯头	○
	三通	○
	四通	○
	多通	○
	预留口	○----
	非普查	○---
	入户	○
	一般管线点	○
	井边点	○
	井内点	○
	阀门井	◷

管线类别	含义	符号
燃气	检修井	
	阀门	
	阴极测试桩	
	变径(深)点	
	凝水缸	
	调压箱	
	调压站	
	燃气柜	
	燃气桩	
	涨缩站	
热力	变径	
	出地	
	盖堵	
	弯头	
	三通	
	四通	
	多通	
	预留口	

管线类别	含义	符号
热力	非普查	o - - -
	入户	o
	一般管线点	o
	井边点	o
	井内点	o
	检修井	⊖
	阀门井	⊖
	吹扫井	C
	阀门	♂
	调压装置	▨
	疏水	◗
	真空表	◔
	固定节	✕
	安全阀	⚇
	排潮孔	♂
	换热站	▧
工业	变径	▷
	出地	♂

管线类别	含义	符号
工业	盖堵	╎╷
	弯头	○
	三通	○
	四通	○
	多通	○
	预留口	○-----
	非普查	○ - - -
	入户	○
	一般管线点	○
	井边点	○
	井内点	○
	检修井	⊞
	阀门井	⊞
	阀门	♂
	排污装置	⊗
	动力站	▭
综合管廊（沟）	变径	⬦▷
	出地	↑♂

管线类别	含义	符号
综合管廊（沟）	三通	○
	四通	○
	多通	○
	预留口	○-----
	非普查	○---
	入户	○
	一般管线点	○
	井边点	○
	井内点	○
	检修井	○
	出入口	⋈
	投料口	⊠
	通风口	⊘
	排气装置	⊕

(二)《城市地下管线探测技术规程》(CJJ 61—2017)摘录

1. 管线代码

类别（大类）		小类	
名称	代号	名称	代号
给水	JS	原水	JY
		输水	SS
		中水	ZS

类别（大类）		小类	
名称	代号	名称	代号
给水	JS	配水	JP
		直饮水	JZ
		消防水	XS
		绿化水	LS
		循环水	JH
排水	PS	雨水	YS
		污水	WS
		雨污合流	HS
燃气	RQ	煤气	MQ
		液化气	YH
		天然气	TR
热力	RL	热水	RS
		蒸汽	ZQ
电力	DL	供电	GD
		路灯	LD
		交通信号	XH
		电车	DC
		广告	GG
通信	TX	电话	DH
		有线电视	DS
		信息网络	XX
		广播	GB
工业	GY	氢气	QQ
		氧气	YQ
		乙炔	GQ
		乙烯	YX
		苯	BQ
		氯气	LQ
		氮气	DQ
		二氧化碳	EY
		氨气	AQ
		甲苯	JB
其他	QT	综合管沟	ZH
		不明管线	BM

2. 管线符号

管线类别	点符号名称	图 例
给水 （JS）	检修井	⊖
	阀门井	⊖
	消防井	⊖
	水表井	◔
	水源井	⊕
	排气阀	⊕
	排污阀	⊖
	水塔	△
	水表	◔
	水池	□
	阀门孔	⋈
	泵站	⟳
	消火栓	⌖
	阀门	⌖
	测压点	⊖
	测流点	△
	水质监测点	⊟
	进水口	＞

管线类别	点符号名称	图 例
给水 (JS)	出水口	<
	沉淀池	⊠
	盖堵	||
	出地	↑○
	变径	◁▷
	弯头	○
	三通	○
	四通	○
	多通	○
	预留口	○-----
	非普查	○---
	一般管线点	○
	入户	○
	井边点	○
	井内点	○
排水 (PS)	污水井	⊕
	雨水井	⊕
	雨箅	▥

管线类别	点符号名称	图 例
排水 （PS）	污箅	
	溢流井	
	闸门井	
	跌水井	
	通风井	
	冲洗井	
	沉泥井	
	渗水井	
	出气井	
	水封井	
	排水泵站	
	化粪池	
	净化池	
	进水口	
	出水口	
	阀门	
	变径	
	出地	

管线类别	点符号名称	图 例
排水 （PS）	拐点	○
	三通	○
	四通	○
	多通	○
	预留口	○-----
	非普查	○---
	一般管线点	○
	井边点	○
	井内点	○
燃气 （RQ）	阀门井	⊘
	检修井	⊘
	阀门	⊘
	压力表	⊘
	阴极测试桩	Y
	波形管	◇
	凝水缸	|○|
	调压箱	◤
	调压站	◩

管线类别	点符号名称	图 例
燃气 （RQ）	燃气柜	◕
	燃气站	⊡
	燃气桩	∐
	涨缩站	▨
	弯头	○
	三通	○
	四通	○
	多通	○
	变径	▷
	出地	⚲
	盖堵	‖
	预留口	○----
	非普查	○- --
	一般管线点	○
	入户	○
	井边点	○
	井内点	○

管线类别	点符号名称	图 例
热力 （RL）	检修井	⊕
	阀门井	⊕
	吹扫井	⊡
	阀门	♂
	调压装置	▨
	疏水	◕
	真空表	⦶
	固定节	✕
	安全阀	⟰
	排潮孔	♂
	换热站	◪
	变径	⊳
	出地	⟰
	盖堵	‖
	弯头	○
	三通	○
	四通	○
	多通	○

管线类别	点符号名称	图 例
热力 （RL）	预留口	
	非普查	
	一般管线点	
	入户	
	井边点	
	井内点	
电力 （DL）	变电站	
	配电室	
	变压器	
	人孔井	
	手孔	
	通风井	
	接线箱	
	路灯控制箱	
	路灯	
	交通信号灯	
	地灯	
	线杆	

管线类别	点符号名称		图例
电力（DL）		广告牌	
		上杆	
		转折点	○
		分支点	○
		预留口	
		非普查	
		一般管线点	○
		井边点	○
		井内点	○
通信（TX）		人孔井	
		手孔	
		接线箱	
		电话亭	
		监控器	
		无线电杆	
		差转台	
		发射塔	
		交换站	

管线类别	点符号名称	图　例
通信 （TX）	上杆	⚲
	转折点	○
	分支	○
	预留口	○----
	非普查	○---
	一般管线点	○
	井边点	○
	井内点	○
工业 （GY）	检修井	⊕
	排污装置	⊗
	动力站	▭○
	阀门	⊤○
	弯头	○
	三通	○
	四通	○
	多通	○
	变径	▷
	出地	○

管线类别	点符号名称		图 例
工业 （GY）		盖堵	‖
		预留口	◯----
		非普查	◦--
		一般管线点	◦
		入户	◦
		井边点	◦
		井内点	◦
其他 （QT）		检修井	◦
		阀门	♂
		弯头	◦
		三通	◦
		四通	◦
		多通	◦
		变径	▷
		出地	↑◦
		盖堵	‖
		预留口	◯----
		非普查	◦--

管线类别	点符号名称	图 例
其他 （QT）	一般管线点	○
	入户	○
	井边点	○
	井内点	○
	通风口	○
	投料口	○
	透气阀	○
	防火门	○
	防水门	○
	集水井	○

参 考 文 献

[1] 中华人民共和国国家质量监督检验检疫总局，中国国家标准化管理委员会. GB/T 35644—2017 地下管线数据获取规程[S]. 北京：中国标准出版社，2017.

[2] 中华人民共和国国家质量监督检验检疫总局，中国国家标准化管理委员会. GB/T 14912—2017 1∶500 1∶1 000 1∶2 000 外业数字测图规程[S]. 北京：中国标准出版社，2017.

[3] 中华人民共和国国家质量监督检验检疫总局，中国国家标准化管理委员会. GB/T 20257.1—2017 国家基本比例尺地图图式 第 1 部分：1∶5001∶1 000 1∶2 000 地形图图式[S]. 北京：中国标准出版社，2017.

[4] 中华人民共和国国家市场监督管理总局，中国国家标准化管理委员会 GB/T 20258.1—2019 基础地理信息要素数据字典 第 1 部分：1∶500 1∶1 000 1∶2 000 比例尺[S]. 北京：中国标准出版社，2019.

[5] 中华人民共和国国家质量监督检验检疫总局，中国国家标准化管理委员会. GB/T 24356—2023 测绘成果质量检查与验收[S]. 北京：中国标准出版社，2023.

[6] 中华人民共和国国家质量监督检验检疫总局，中国国家标准化管理委员会. GB/T 18316—2008 数字测绘成果质量检查与验收[S]. 北京：中国标准出版社，2008.

[7] 中华人民共和国住房和城乡建设部. CJJ/T 8—2011 城市测量规范[S]. 北京：中国建筑工业出版社，2012.

[8] 中华人民共和国住房和城乡建设部. CJJ 61—2017 城市地下管线探测技术规程[S]. 北京：中国建筑工业出版社，2017.

[9] 中华人民共和国住房和城乡建设部. CJJ/T 269—2017 城市综合地下管线信息系统技术规范[S]. 北京：中国建筑工业出版社，2017.

[10] 住房和城乡建设部标准定额研究所. RISN-T G011—2010 城市地下管线探测工程监理导则[S]. 北京：中国建筑工业出版社，2010.

[11] 中华人民共和国国家测绘地理信息局. CH/T 1033—2014 管线测量成果质量检验技术规程[S]. 北京：测绘出版社，2015.

[12] 中华人民共和国国家测绘局. CH/T 1001—2005 测绘技术总结编写规定[S]. 北京：测绘出版社，2006.

[13] 李益强，吴献文，刘国安. 地下管线探测技术基础[M]. 北京：北京交通大学出版社，2020.

[14] 张正禄，司少先，李学军，等. 地下管线探测和管网信息系统[M]. 北京：测绘出版社，2007.

[15] 洪立波，李学军. 城市地下管线探测技术与工程项目管理[M]. 北京：中国建筑工业出版社，2012.

[16] 王强. 地下管网探测与检测技术[M]. 北京：机械工业出版社，2019.

［17］高绍伟，刘博文. 管线探测［M］. 2版. 北京：测绘出版社，2014.

［18］苏宁，马听. 地质雷达在地下管线探测中的应用研究［J］. 城市勘测，2022（03）：174—176.

［19］江周勇，胡应清，陈继平. 山地城市条件下深埋地下管线探测——基于重庆市的山地城市地下管线探测经验［J］. 城市勘测，2011（05）：148—150.